网壳结构在冲击荷载下的破坏机理

支旭东 范 峰 王多智 林 莉 著

科学出版社

北 京

内 容 简 介

　　网壳结构抗冲击是民用建筑抗爆/反恐的前沿理论之一,本书系统总结了作者团队在该方向的研究成果。本书共 8 章,内容主要包括绪论、建筑 Q235 钢的动态本构模型与应用、圆钢管侧向冲击响应试验、圆钢管侧向冲击仿真技术及参数影响规律、网壳结构在冲击荷载下的失效模式、网壳结构冲击响应规律、网壳结构模型落锤冲击试验、网壳结构遭受飞机撞击效应研究。本书内容涵盖材料本构、构件和结构的冲击破坏机理三个层次,构成了较为完整的理论研究框架。

　　本书可作为高等院校、科研院所中土木工程专业研究生的参考书籍,也可供防灾减灾工程、大跨空间结构领域的学者、技术人员阅读参考。

图书在版编目(CIP)数据

　　网壳结构在冲击荷载下的破坏机理 / 支旭东等著. —北京:科学出版社,2019.11

　　ISBN 978-7-03-062906-7

　　Ⅰ.①网…　Ⅱ.①支…　Ⅲ.①网壳结构－破坏机理－研究　Ⅳ.①TD353

　　中国版本图书馆 CIP 数据核字(2019)第 250794 号

责任编辑:张　震　张　庆　李　慧 / 责任校对:彭珍珍
责任印制:吴兆东 / 封面设计:无极书装

科 学 出 版 社 出版
北京东黄城根北街 16 号
邮政编码:100717
http://www.sciencep.com

北京凌奇印刷有限责任公司 印刷
科学出版社发行　各地新华书店经销
*

2019 年 11 月第　一　版　开本:720×1000　1/16
2020 年 1 月第二次印刷　印张:15 1/4
字数:298 000

定价:99.00 元

(如有印装质量问题,我社负责调换)

序

　　2001 年在美国发生的"9·11"恐怖袭击事件震惊了全世界，该事件所带来的经济损失、人员伤亡十分惨重。这次事件除给人类社会的思想意识带来巨大冲击外，也激发了国内外学者对民用建筑反恐抗爆措施的关注，相关的研究迅速展开，并在梁、板、柱、墙等构件的抗冲击/抗爆炸性能，新型/高性能混凝土及复合材料的动态本构，由这些材料组成的各种复合构件的耗能能力，民用建筑物抗冲击/抗爆炸的防护构造措施，以及多高层结构抗连续倒塌机理等方面积累了一系列重要成果。

　　近半个世纪以来，与建筑科技的进步和人类对生活环境需求的不断提升相呼应，大型公共建筑及相应的大跨空间结构发展十分迅速，其中有许多已成为一个城市或区域的标志性建筑。作为人流密集的大型公共建筑，显然极易成为恐怖袭击选择的目标，因而对这些重要建筑物采取必要的反恐防护措施具有重要的现实意义。事实上，目前对一些具体工程，如交通枢纽、会展建筑、大型体育场馆等，在方案规划上已经或多或少地考虑了这一问题。但受到研究成果的限制，目前的解决方案还是多采取"阻隔"的方式，即从交通流线上、建筑构造上、安保措施上使可能的冲击荷载远离主体结构；对于结构在直接受到冲击/爆炸作用时将承受多大的冲击力、结构将如何反应等理论问题则知之甚少。

　　哈尔滨工业大学空间结构研究中心三十余年来致力于大跨空间结构领域的系统理论研究，在网壳结构非线性稳定、悬索结构解析理论、大跨度屋盖风荷载及抗风设计理论、网壳结构动力稳定性及强震下的失效机理等前沿领域均做出了自己的贡献。作为该研究中心的核心成员，该书作者在当前形势下认为，对大跨空间结构在冲击/爆炸荷载下的响应机理、失效模式、防护措施等问题进行系统深入研究是他们义不容辞的责任；这对于我国大跨空间结构的合理建造和防护工作具有重要的理论意义与实用价值。作为与国防工业紧密联系的科研院校，哈尔滨工业大学在建筑工程抗冲击/抗爆炸方面的研究工作开展得很早，但早期重点是关于人防工程方面的研究。"9·11"恐怖袭击事件发生后，哈尔滨工业大学成立了国防抗爆与防护实验室，并进一步完善了必要的试验设备，这为作者的研究工作提供了重要支持。

　　自 2005 年起，作者选择大跨空间结构中常用的结构形式——网壳结构作为研究对象，以飞机意外撞击、施工高空坠物等为背景开始了冲击作用下结构失效机理的探索；随后，针对大跨空间结构在冲击、爆炸作用下的一系列理论问题不断扩展研究方向，持续至今。经过十余年的持续努力，作者认为所取得的成果已较为系统完整，形成了比较完善的理论体系。由于内容较多，特将这些成果按抗冲击和抗爆炸两部分分别总结成册，与同行交流，并希望能为后续研究提供一定的借鉴。

  我对作者（包括他们指导的许多研究生）十余年来所做的工作比较了解，认为他们在抗冲击/抗爆炸方面取得的成果的确很有意义，不仅为加强大型公共建筑的反恐防护措施提供了科学依据，也为研究中心一直致力的建立空间结构系统理论体系这一长期目标做出了贡献。

  我乐于为之作序。

中国工程院院士 沈世钊

2019 年 6 月 3 日于哈尔滨工业大学

前　言

　　冲击是一个经典力学问题，学者在力学、机械、材料等领域中对其的研究由来已久。民用建筑工程中的冲击现象也比较普遍，如建筑内机械设施碰撞、施工坠物、风致飞射物冲击等，但由于工程结构质量、刚度大，抗冲击能力强，破坏并不明显，且冲击属于偶然荷载，发生概率小，在很长一段时间内并未引起科研人员的重视。直到美国的"9·11"恐怖袭击事件后，人们开始意识到在当今社会环境下，民用建筑也会遭受飞机、汽车撞击，以及炸药、燃气爆炸等巨大冲击作用，这导致严重的人员伤亡和财产损失。因此，民用建筑的反恐、抗爆防护逐渐引起研究者的关注；特别是大跨空间结构，常用于体育场馆、交通枢纽等人员密集区域，遭遇偶然冲击荷载的概率更大，其在公共安全方面的需求也更为迫切。

　　对工程结构来说，爆炸也是一种冲击荷载。但为便于区分，工程中常将爆炸荷载和冲击荷载区分，认为爆炸是一种作用在大范围"面"上的情况，冲击则多指作用于结构上小范围的"点"荷载。本书的研究即针对冲击这种情况，研究大跨空间结构的基本体系之一——网壳结构局部杆件（或节点）遭受冲击荷载时的表现。本书所述的工作于 2005 年开始，在当时，对于大跨空间结构的抗冲击研究还很稀少，我们首先关注了网壳结构体系的冲击响应问题，获得了结构的多种破坏模式，并从能量的角度揭示了结构的冲击破坏机理。在这之后为使分析结果更准确，又补充研究了更一般的钢材动态本构问题，以及冲击过程中屋面系统的影响。近几年，为考察网壳结构遭受冲击时构件的响应、耗能情况，开展了较多的圆钢管落锤冲击试验和数值仿真，这样就基本完成了网壳结构抗冲击研究理论框架的搭建。除此之外，我们对冲击荷载简化数学模型、小型飞机撞击网壳结构响应仿真、网壳结构的抗冲击防护措施等也进行了讨论。经过近 15 年的工作，我们认为尽管还有许多理论问题需要解决、丰富，研究工作还在持续深入，但是网壳结构抗冲击理论的研究体系已经较为完整，研究成果为实现网壳结构的抗冲击防护提供了可能性。基于上述考虑，特将这些研究成果总结成册，与同行交流，并希望能为后续研究提供一定的借鉴。

　　在研究过程中，除本书作者王多智、林莉外，张荣、谭双林、尹宏峰均以本方向作为主要内容完成了学位论文工作，他们配合开展的较多试验、参数分析为本书提供了丰富的素材。相关研究工作还受到国家自然科学基金项目（50978077、

51078103、51478144)、国家重点研发计划课题（2018YFC0705703）的持续资助，在此一并表示感谢。

　　由于作者水平所限，书中难免存在不足之处，我们真诚欢迎广大读者提出宝贵意见。

支旭东

2019 年 6 月 3 日

目　　录

第1章　绪论 ·· 1
　　参考文献 ·· 5
第2章　建筑 Q235 钢的动态本构模型与应用 ·················· 7
　2.1　基于 Johnson-Cook 模型的金属材料动态力学行为描述 ··· 8
　2.2　Johnson-Cook 本构和失效模型参数的获取方案 ·········· 9
　2.3　Q235B 钢材料性能试验 ··· 11
　　2.3.1　光滑圆棒试件拉伸试验 ··································· 12
　　2.3.2　缺口拉伸试验 ··· 14
　　2.3.3　压缩试验 ··· 14
　　2.3.4　光滑圆棒试件的扭转试验 ······························ 15
　2.4　Johnson-Cook 本构和失效模型的参数标定 ··············· 15
　　2.4.1　本构模型参数标定 ·· 15
　　2.4.2　失效模型参数标定 ·· 16
　2.5　Zerilli-Armstrong 与 Cowper-Symonds 本构模型参数标定 ···20
　2.6　本构模型的验证及应用讨论 ··································· 22
　2.7　本章小结 ··· 24
　　参考文献 ··· 25
第3章　圆钢管侧向冲击响应试验 ································· 27
　3.1　两端固支圆钢管侧向冲击试验 ······························ 28
　　3.1.1　试验概况 ··· 29
　　3.1.2　试件加工及材性 ·· 30
　　3.1.3　试验现象 ··· 32
　　3.1.4　塑性铰和失效模式 ·· 37
　　3.1.5　试验结果分析 ··· 38
　3.2　轴力作用下圆钢管侧向冲击试验 ···························· 46
　　3.2.1　试验概况 ··· 47
　　3.2.2　轴力加载装置 ··· 48
　　3.2.3　试件设计及加工 ·· 50
　　3.2.4　试验加载过程和现象 ····································· 52

　　　3.2.5　轴力作用机理分析 ···························· 58
　　3.3　本章小结 ·· 62
　　参考文献 ·· 63
第4章　圆钢管侧向冲击仿真技术及参数影响规律 ·············· 65
　　4.1　有限元模型的建立及验证 ································ 65
　　　4.1.1　有限元模型的建立 ································ 65
　　　4.1.2　有限元模型验证 ···································· 68
　　4.2　圆钢管侧向冲击有限元模型的敏感性分析 ········ 73
　　　4.2.1　网格尺寸 ·· 73
　　　4.2.2　材料本构模型的影响 ···························· 76
　　　4.2.3　冲击物的简化建模 ································ 78
　　　4.2.4　其他因素的影响 ···································· 79
　　4.3　参数分析方案 ·· 80
　　4.4　无轴力作用圆钢管侧向冲击参数化分析 ········· 82
　　　4.4.1　典型动力响应 ······································ 82
　　　4.4.2　失效模式 ·· 85
　　　4.4.3　影响因素分析 ······································ 86
　　4.5　轴力作用下圆钢管侧向冲击参数化分析 ········· 93
　　　4.5.1　有限元建模与轴力的施加 ····················· 93
　　　4.5.2　典型动力响应 ······································ 95
　　　4.5.3　失效模式 ·· 98
　　　4.5.4　轴力的影响分析 ···································· 99
　　4.6　本章小结 ·· 102
　　参考文献 ·· 103
第5章　网壳结构在冲击荷载下的失效模式 ···················· 104
　　5.1　基于 ANSYS/LS-DYNA 的有限元模型 ········· 104
　　　5.1.1　定义单元类型 ······································ 104
　　　5.1.2　定义材料模型 ······································ 105
　　　5.1.3　定义接触类型 ······································ 106
　　5.2　网壳结构的典型冲击失效模式 ······················ 106
　　　5.2.1　结构局部凹陷 ······································ 106
　　　5.2.2　结构整体倒塌 ······································ 115
　　　5.2.3　结构冲切破坏 ······································ 124
　　5.3　网壳结构的冲击失效机理分析 ······················ 130
　　　5.3.1　冲击过程的划分 ···································· 131

5.3.2 结构整体倒塌机理 ················· 132
5.3.3 结构局部凹陷机理 ················· 135
5.3.4 结构冲切破坏机理 ················· 136
5.4 网壳结构失效模式的分布规律及冲击能量影响 ·· 138
5.4.1 失效模式的分布规律 ················· 139
5.4.2 冲击物初动能对失效模式的影响 ········· 141
5.5 本章小结 ································· 146
参考文献 ··································· 146
第6章 网壳结构冲击响应规律 ··············· 147
6.1 冲击物尺寸对网壳结构失效模式的影响 ····· 147
6.1.1 失效模式分布 ····················· 148
6.1.2 影响原因分析 ····················· 149
6.2 弹塑性材料冲击物对网壳结构失效模式的影响 · 157
6.2.1 失效模式分布 ····················· 158
6.2.2 影响原因分析 ····················· 159
6.3 冲击点位置的影响 ······················· 162
6.4 冲击角度的影响 ························· 164
6.5 矢跨比的影响 ··························· 168
6.5.1 杆件截面不变 ····················· 168
6.5.2 杆件截面改变 ····················· 170
6.6 屋面质量的影响 ························· 171
6.6.1 杆件截面不变 ····················· 171
6.6.2 杆件截面改变 ····················· 173
6.7 初始缺陷的影响 ························· 175
6.8 本章小结 ································· 175
参考文献 ··································· 175
第7章 网壳结构模型落锤冲击试验 ············ 177
7.1 网壳结构失效模式冲击试验 ··············· 177
7.1.1 试验目的与方案 ··················· 177
7.1.2 加载装置与试验模型 ··············· 178
7.1.3 模态测试与分析 ··················· 181
7.1.4 弹性冲击试验与数值仿真对比 ········· 183
7.1.5 破坏性冲击试验与数值仿真对比 ······· 188
7.2 考虑屋面系统网壳模型破坏模式冲击试验 ···· 192
7.2.1 试验目的与方案 ··················· 192

7.2.2　试验模型加工 ……………………………………………… 193
7.2.3　测点布置、缺陷测试、材性试验 ………………………… 195
7.2.4　自振频率测试 ………………………………………………… 198
7.2.5　弹性冲击试验 ………………………………………………… 199
7.2.6　破坏性冲击试验 ……………………………………………… 202
7.2.7　数值分析及与试验对比 ……………………………………… 205
7.3　本章小结 ……………………………………………………………… 213
参考文献 …………………………………………………………………… 213
第8章　网壳结构遭受飞机撞击效应研究 ………………………………… 214
8.1　利用 Riera 模型对飞机撞击网壳的模拟 ………………………… 214
8.2　飞机模型及撞击刚体结构模拟 …………………………………… 216
8.3　网壳结构的飞机撞击响应与破坏模式 …………………………… 219
8.3.1　飞机以撞击方式 1 撞击点 A ………………………………… 220
8.3.2　飞机以撞击方式 2 撞击点 A ………………………………… 222
8.3.3　飞机以撞击方式 3 撞击点 A ………………………………… 223
8.3.4　飞机以撞击方式 2 撞击点 B ………………………………… 225
8.3.5　飞机以撞击方式 2 撞击点 C ………………………………… 226
8.4　考虑阻尼对网壳失效模式的影响 ………………………………… 228
8.5　考虑屋面板对网壳失效模式的影响 ……………………………… 229
8.6　本章小结 ……………………………………………………………… 233
参考文献 …………………………………………………………………… 233

第1章 绪 论

网壳结构是大跨空间结构的一种基本形式，具有优美的造型和良好的空间受力性能，近30年来在国内外的重大工程中获得了广泛应用。很多网壳结构已经成为一个城市或区域的地标性建筑，并代表了这一时代的建筑科技水平。例如，我国为1996年亚洲冬季运动会建设的黑龙江省速滑馆（图1-1，跨度为86m，长度为195m），采用了圆柱面和两个1/4球面组合的四角锥网壳体系，建成之后是当时亚洲的最大室内空间。1997年建成的名古屋穹顶（图1-2），是目前跨度最大（187m）的单层球面网壳结构，其三向网格形式构成了一个简洁通透的室内空间，充分体现出单层网壳结构的优势。2005年完成的国家大剧院，覆盖212m×144m的空间，目前已经成为北京市区的地标性建筑。随着人类对建筑功能需求的提升，网壳结构在向更大体量、更大跨度、更复杂体型发展，其社会、经济重要性不断增强，抗灾防御能力的需求已经成为结构工程领域的理论挑战。

图1-1 黑龙江省速滑馆

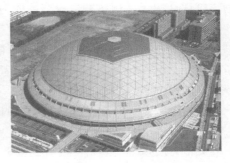

图1-2 名古屋穹顶

近年来，全球范围内的恐怖袭击事件时有发生，严重威胁重要地标性建筑、人员密集场所的安全；除此之外，施工中的坠物、车辆操作不当、室内燃气爆炸等偶然冲击荷载每年也给社会造成大量的人员伤亡和财产损失。尽管冲击荷载属于偶然荷载，但近年来由于全球局势、基础设施建设高速发展等因素，冲击荷载发生的概率却在不断增加。最为典型的是2001年的"9·11"恐怖袭击事件，世贸双塔的设计代表了当代先进设计水平，甚至曾考虑过波音707客机的撞击作用，但事件中的撞击及一系列并发作用仍然导致了世贸双塔的连续倒塌，直接造成近3000人死亡，以及其后严重的社会及心理负面影响。20世纪80年代，一架四座轻型飞机迫降在巴西圣保罗展览中心屋顶，并坠入屋顶网架结构，也表明航空飞行器对大跨度空间结构存在一定的撞击可能性。因此，掌握这些重要公共建筑的冲击破坏机理，研究可靠的抗冲击防护措施，适当提高建筑的防护能力，对在遭受偶然冲击事件时降低结构的冲击破坏程度、减轻经济损失均具有重要意义。在这一背景下，作者依托大跨空间结构抗震、抗风的研究经验，选择网壳结构（大跨空间结构的常用形式之一）的冲击性能展开研究，希望能够为网壳结构的冲击防护设计提供依据，并对相关研究方向的发展提供技术支撑。

由于冲击荷载属于偶然荷载，研究难度大，在第一次世界大战以前，对结构冲击动力学的研究成果较少；直到第二次世界大战期间，鉴于军事领域的需要才蓬勃发展起来，但由于技术手段的限制，当时的研究主要针对于构件，且主要是试验研究。随着核电站的出现，虽然冲击荷载的概率很小，但为了避免小概率事件带来的巨大破坏，对于核电站这种重要建筑在冲击荷载作用下性能的分析才逐渐多起来；而在"9·11"恐怖袭击事件后，民用建筑反恐抗爆炸、抗冲击的研究才真正引起国内外学者的重视并全面展开。为了从宏观上大致了解作者开展研究时的技术基础和学术背景，以下对国内外构件及结构抗冲击领域的相关研究进行简述。

受计算机技术及有限元理论发展的限制，早期结构抗冲击领域的研究多以理论推导、试验测试为主，研究对象为梁、拱等简单构件。例如，王仁（1992）较为详细地介绍了结构抗冲击研究中的两个主要问题：动态塑性本构关系和动荷载的形式；茹重庆和王仁（1988）详述了直杆与圆柱壳在冲击下的塑性动力稳定性，以及圆柱壳在冲击荷载下的动力渐进屈曲问题，并对圆柱壳在冲击荷载下的塑性屈曲进行了深入研究。随后，一些学者对冲击荷载下求解动态屈曲的基本理论与分析方法进行了汇总，讨论了 B-R 运动准则、Hsu 能量准则、Simitses 势能准则、王仁能量准则等在判断结构冲击失稳时的优缺点；对杆、拱等典型结构的冲击稳定性进行了分析（杨桂通和王德禹，1992；韩强等，1998）。余同希（1994）研究了端头带有质量块的悬臂梁在冲击荷载下的剪切失效模型及剪切失效准则，对冲击响应中不可忽视的应变率效应、横向剪切和转动惯量效应等二级效应进行了总结，认为工程结构中无须研究过于复杂的冲击响应中的全部微观现象，而对构件的几何形状、材料特性和荷载特征进行必要的简化即可揭示冲击荷载作用下结构动力响应的主要特征；以此为基础，对直角刚架自由端受到平面内横向撞击的大挠度塑性动力响应问题进行了试验研究、理论推导及数值分析，给出了该问题的刚塑性大挠度瞬时模态解，理论分析与数值结果吻合很好，说明对于应变率敏感性材料，采用 Cowper-Symonds 关系对材料模型所进行的应变率效应的修正是简单可行的。宁建国（1998）对冲击荷载作用下弹塑性球形薄壳的动力特性进行了研究，采用能量法进行求解，给出了局部冲击条件下球壳的变形模态，并建立了球壳的参与应变能与冲击体动能之间的关系。此外，作为基础性研究，王礼立（2005）、白以龙（1992）对冲击荷载下材料的性质展开了系列研究，考察了应变率效应、绝热剪切等因素对材料冲击性能的影响。

随着计算机技术的发展及数值算法的不断完善，数值仿真技术逐渐在研究梁、板、柱及一些结构的抗冲击性能时被采用。李珠等（2009）对轴向与侧向冲击荷载作用下钢管混凝土构件的动力性能展开了研究，推导了侧向冲击荷载作用下整体变形的计算公式。王明洋等（2006）对钢筋混凝土梁在冲击荷载下的计算方法与动力响应进行了研究，建立了简化模型，推导出钢筋混凝土梁在低速冲击荷载下的计算公式，并建立了局部损伤与整体响应间的关系式。刘锋和吕西林（2008）对冲击荷载作用下单层单跨钢框架结构的非线性动力响应进行了研究，讨论了整体结构非线性动力响应的主要变形机制。"9·11"恐怖袭击事件以后，清华大学的陆新征和江见鲸（2001）利用 LS-DYNA 软件对世界贸易中心遭受撞击后的连续倒塌进行了仿真，确定倒塌的主要原因是火灾引起的钢材软化与楼板塌落造成的冲击，并提出提高结构的延性可有效提高结构的抗倒塌能力，高延性的结构破坏时能够更多地吸收楼板塌落产生的冲击能量，可以将连锁倒塌控制在一定范围内，从而避免连续倒塌的发生。中国地震局工程力学研究所的赵振东等（2003）研究了钢混结构物受到外来飞射体撞击后的破坏效应，将结构的冲击效应分为接触面附近的局部破坏效应、整体冲击振动破坏效应和火灾破坏效应三种。崔铁军和马云东（2016）采用基于颗粒流的 PFC 3D 分析程序模拟了核心筒-框架结构超高层建筑受到飞机撞击后的倒塌过程，发现建筑坍塌的直接原因是撞击后引起的爆炸作用。孔德阳等（2017）采用落锤试验和数值模拟研究了钢框架结构受到撞击作用后的动力响应，讨论了不同梁柱节点形式在冲击荷载下的破坏模式，并提出了能量转化比的概念，用以表征框架吸收冲击能的能力。太原理工大学的李海旺等（2006）较早对网壳结构的冲击响应进行了研究，采用冲击试验与数值分析的方法对 40m 跨度 K8 单层球面网壳在顶点竖向低速冲击荷载下的动力响应及动力稳定性进行了讨论。

与国内的情况相比，国外对结构抗冲击领域的研究起步较早。Menkes 和 Opat（1973）对固支铝合金梁在均布冲击荷载作用下的力学特性进行了系统的试验，发现随着冲量的增加，梁会出现三种失效模式，分别为非弹性大变形、固定端处材料撕裂和固定端处横向剪切失效。在此基础上，Jones（1976）对上述三种失效模式进行理论分析，得到了每种失效模式的判别公式及出现的临界速度。之后 Liu和 Jones（1988）对结构构件的冲击失效开展了更为深入的工作。Karagiozova 和Alves（2004）对圆柱壳在冲击荷载下的屈曲性能进行了研究，分析了圆柱壳的两种失效模式中由动力渐进屈曲向整体屈曲转变的影响因素，认为冲击速度、被冲击物的材料特性与应变率效应对失效模式有很大的影响，而且高屈服应力、应变硬化性较弱的圆柱壳有更好的耗能性质。Nagel 和 Thambiratnam（2006）对锥形截面的薄壁方钢管在斜向冲击荷载作用下的性能展开研究，认为锥形管比等截面直管的耗能能力强，且在抗冲击方面对冲击荷载的角度不敏感。此外，一些学者还针对纤维增强复合材料（fiber reinforced polymer，FRP）及 FRP 增强金属构件抗冲击性能展开了研究，Reuter 等（2017）对 CFRP 柱受到轴向冲击荷载作用下的响应展开了研究，提出了适合模拟 CFRP 柱轴向冲击过程的仿真方法。Kim 等（2014）对铝/CFRP 方形空心截面梁在轴向冲击荷载作用下的响应展开了研究，讨论了 FRP 厚度及铺层形式对构件吸能能力的影响。"9·11"恐怖袭击事件后，美国加利福尼亚大学 Astaneh-asl（2003）在美国国家科学基金会的支持下，对大楼废墟进行研究并收集信息，力求找到导致大楼倒塌的证据；Astaneh-asl 还通过大型结构的抗冲击试验，研究了防止结构连续倒塌的措施。此外，Wierzbicki 和 Teng（2003）研究了飞机机翼对世界贸易中心外围柱的割断作用。Lynna 和 Isobe（2007）运用 ASI-Gauss 有限元对高层框架结构在冲击荷载作用下的倒塌进行了分析，认为框架柱在冲击破坏过程中会产生一定的拉应力，并且冲击物质量的影响要大于冲击速度的影响。美国的 Moghaddam 和 Sasani（2015）利用 OpenSees 软件对联邦大楼突然去掉 G20 柱后的连续倒塌进行了仿真，分析了去柱后结构连续倒塌的机理。保加利亚的 Andonov 等（2015）利用 SOLVIA 软件模拟了飞机撞击预应力混凝土安全壳的过程，对结构在冲击荷载作用下的易损性进行了评估。

　　结构连续倒塌是近期结构抗冲击研究中易引起学者兴趣的热点问题。一般来说，如果结构的最终破坏状态与初始状态不成比例，即可称为连续倒塌。导致结构发生连续倒塌的原因有很多，如设计或施工中的失误、意外发生的偶然荷载等，"9·11"恐怖袭击事件也证实了冲击荷载可能诱发结构的连续倒塌。很多时候结构的连续倒塌是造成重大伤亡的主要原因，应引起工程安全防护设计的重视。国外的一些研究报告、技术规范对结构抗连续倒塌进行了规定，例如，在美国 ACI318、GSA2003、DOD2005、欧洲 EuroCode1、英国 BS8100 等技术规定中均有相应的条文；相应地，国外学者在结构抗连续倒塌设计中主要采用 4 种方法：概念设计法、拉结强度法、拆除构件法和关键构件法。国内一些学者讨论了这些方法对于我国框架结构的适用性，采用数值仿真方法（包括改变路径（alternate path，AP）法）研究了框架结构的抗连续倒塌行为（陆新征等，2008；钱稼茹和胡晓斌，2008）。易伟建等（2007）对钢筋混凝土框架结构的抗倒塌性能进行了试验研究，试验中对柱子的快速移除提出了巧妙的思路。还有一些学者针对具体工程，采用上述理论基础，完成了结构的抗连续倒塌设计（朱炳寅等，2007）。Ren 等（2016）对单向钢筋混凝土梁-板子结构的抗倒塌性能进行了试验研究，讨论了楼板在结构连续倒塌过程中的作用。Ventura 等（2017）对钢筋混凝土框架结构抗连续倒塌性能的鲁棒性进行了评估。在大跨空间结构领域，Abedi 和 Parke（1996）对单层球面网壳的连续倒塌进行了研究，认为节点跳跃失稳可以导致单层网壳的节点速度在瞬间骤增，这是引发连续倒塌的原因；铰接的单层网壳比刚性连接时更容易发生连续倒塌。同济大学的赵宪忠等（2016）也开展了单层网壳结构的连续倒塌研究，通过试验验证了单层网壳结构发生连续倒塌的可能性。

通过以上国内外研究现状的浅析可以看出，大跨空间结构抗冲击方向的研究成果还很少，零散的研究还不能满足结构抗冲击防御设计的需求。因此，作者选择大跨空间结构的一类常用结构形式——网壳结构开展工作，符合民用建筑抗爆炸、抗冲击的研究大趋势，研究成果对于大跨空间结构抗冲击防御具有较高的应用价值。

参 考 文 献

白以龙. 1992. 冲击载荷下材料的损伤和破坏//王礼立, 余同希, 李永池. 冲击动力学进展. 合肥: 中国科学技术大学出版社: 34-57.

崔铁军, 马云东. 2016. 超高层建筑受飞机撞击后坍塌过程模拟分析. 建筑结构学报, 37 (1): 48-55.

韩强, 张善元, 杨桂通. 1998. 结构静力屈曲问题研究进展. 力学进展, 28 (3): 349-360.

孔德阳, 席丰, 杨波, 等. 2017. 受落锤撞击钢框架结构的动力响应及其梁-柱连接性能比较. 兵工学报, 38 (s1): 30-37.

李海旺, 郭可, 魏剑伟, 等. 2006. 冲击载荷作用下单层球面网壳动力响应模型实验研究. 爆炸与冲击, 26 (1): 39-45.

李珠, 王兆, 王蕊. 2009. 侧向冲击荷载作用下两端固定钢管混凝土构件的试验研究. 工程力学, 26 (s1): 167-170.

刘锋, 吕西林. 2008. 冲击荷载作用下框架结构的非线性动力响应. 振动工程学报, 21 (2): 107-114.

陆新征, 江见鲸. 2001. 世贸中心飞机撞击后倒塌过程的仿真分析. 土木工程学报, 34 (6): 8-10.

陆新征, 李易, 叶列平, 等. 2008. 钢筋混凝土框架结构抗连续倒塌设计方法的研究. 工程力学, 25 (s2): 150-157.

宁建国. 1998. 弹塑性球形薄壳在冲击载荷作用下的动力分析. 固体力学学报, 19 (4): 314-320.

钱稼茹, 胡晓斌. 2008. 多层钢框架连续倒塌动力效应分析. 地震工程与工程振动, 28 (2): 8-14.

茹重庆, 王仁. 1988. 关于冲击载荷下圆柱壳塑性屈曲的两个问题. 固体力学学报, 9 (1): 62-66.

王礼立. 2005. 应力波基础. 北京: 国防工业出版社.

王明洋, 王德荣, 宋春明. 2006. 钢筋混凝土梁在低速冲击下的计算方法. 兵工学报, 27 (3): 400-405.

王仁. 1992. 冲击荷载下结构塑性稳定性的研究//王礼立, 余同希, 李永池. 冲击动力学进展. 合肥: 中国科学技术大学出版社: 157-176.

杨桂通, 王德禹. 1992. 结构的冲击屈曲问题//王礼立, 余同希, 李永池. 冲击动力学进展. 合肥: 中国科学技术大学出版社: 177-210.

易伟建, 何庆锋, 肖岩. 2007. 钢筋混凝土框架结构抗倒塌性能的试验研究. 建筑结构学报, 28 (5): 104-109.

余同希. 1992. 结构塑性动力响应的研究进展//王礼立, 余同希, 李永池. 冲击动力学进展. 合肥: 中国科学技术大学出版社: 211-242.

余同希. 1994. 端头带有质量块的悬臂梁在冲击载荷下的两种剪切失效模型. 应用力学学报, 11 (3): 94-98.

赵宪忠, 闫伸, 陈以一. 2016. 空间网格结构连续性倒塌试验研究. 建筑结构学报, 37 (6): 1-8.

赵振东, 钟江荣, 余世舟. 2003. 钢混结构物受外来飞射体撞击的破坏效应研究. 地震工程与工程振动, 23 (5): 88-94.

朱炳寅, 胡北, 胡纯炀. 2007. 莫斯科中国贸易中心工程防止结构连续倒塌设计. 建筑结构, 37 (12): 6-9.

Abedi K, Parke G A R. 1996. Progress collapse of single-layer braced domes. International Journal of Space Structures, 11 (3): 291-306.

Andonov A，Kostov M，Iliev A. 2015. Capacity assessment of concrete containment vessels subjected to aircraft impact. Nuclear Engineering and Design，295：767-781.

Astaneh-asl A. 2003. Progressive collapse prevention in new and existing buildings. Proceedings of the 9th Arab Structural Engineering Conference，9：253-359.

Jones N. 1976. Plastic failure of ductile beams loaded dynamically. Journal of Engineering for Industry Transactions of the ASME，98（1）：131-136.

Karagiozova D，Alves M. 2004. Transition from progressive buckling to global bending of circular shells under axial impact-Part I：Experimental and numerical observations. International Journal of Solid Structure，41：1565-1580.

Kim H C，Shin D K，Lee J J，et al. 2014. Crashworthiness aluminum/CFRP square hollow section beam under axial impact loading for crash box application. Composite Structures，112：1-10.

Liu J H，Jones N. 1988. Dynamic response of a rigid plastic clamped beam struck by a mass at any point on the span. International Journal of Solid Structure，24：251-270.

Lynna K M，Isobe D. 2007. Structural collapse analysis of framed structures under impact loads using ASI-Gauss finite element method. International Journal of Impact Engineering，34（9）：1500-1516.

Menkes S B，Opat H J. 1973. Broken beam. Experimental Mechanics，13（11）：480-486.

Moghaddam A K，Sasani M. 2015. Progressive collapse evaluation of Murrah Federal Building following sudden loss of column G20. Engineering Structures，89：162-171.

Nagel G M，Thambiratnam D P. 2006. Dynamic simulation and energy absorption of tapered thin-walled tubes under oblique impact loading. International Journal of Impact Engineering，32：1595-1620.

Ren P Q，Li Y，Lu X Z，et al. 2016. Experimental investigation of progressive collapse resistance of one-way reinforced concrete beam-slab substructures under a middle-column-removal scenario. Engineering Structures，118：28-40.

Reuter C，Sauerland K H，Tröster T. 2017. Experimental and numerical crushing analysis of circular CFRP tubes under axial impact loading. Composite Structures，174：33-44.

Ventura A，Chiaia B，Biagi V D. 2017. Robustness assessment of RC framed structures against progressive collapse. Materials Science and Engineering，245：1-10.

Wierzbicki T，Teng X. 2003. How the airplane wing cut through the exterior columns of the World Trade Center. International Journal of Impact Engineering，28：601-625.

第 2 章　建筑 Q235 钢的动态本构模型与应用

对冲击和爆炸问题的研究，早期主要依赖于理论推导及试验测试手段。理论推导一般需进行较多假设与简化，仅针对简单构件、简单场景适用；开展冲击、爆炸试验则过程复杂、造价高昂。近些年，随着有限元等数值方法的发展和计算机运算能力的提升，基于数值分析软件的数值模拟方法在研究中扮演了越来越重要的角色。大量文献的研究结果已经表明，材料的性能即材料的本构模型（包括断裂模型）极大地影响着数值模拟的准确性，一个合理、易用的材料本构模型是获得令人满意的仿真结果的前提。冲击和爆炸问题通常涉及高应变率、高温下的塑性流动、局部温升、材料断裂等复杂现象。因此，要想获得可靠的仿真结果，必须对强度、延性等材料行为进行合理准确的描述。Q235 钢是建筑工程钢结构、大跨空间结构中最常用到的建筑材料，为研究大跨空间结构在冲击作用下的破坏响应及破坏机理，本章对 Q235 钢开展研究，通过系列试验及数据拟合获得材料的动态本构模型。数值仿真中对于金属材料通常要用到两个不同的模型来描述材料行为：一个描述塑性流动；另一个描述材料的断裂和失效（Clausen et al.，2004）。Dieter（1998）将流动应力表示为塑性应变、应变率和温度的函数，但是其他因素的影响可能也存在；该文献还给出了包括经验、半经验及基于理论模型的本构关系形式。经验模型是基于可用的试验观察提出的，而理论模型则来源于材料的微观本质。相比较其他强度模型，Johnson-Cook（J-C）、Zerilli-Armstrong（Z-A）和1977 年 Cowper 和 Symonds 两位学者提出的 Cowper-Symonds（C-S）率相关本构模型在冲击和爆炸领域受到了更多的关注。至于失效模型（断裂准则）方面，金属的延性和失效长期以来已经被许多研究者关注，试验和理论的研究都有，研究学者有 Cockroft 和 Latham、Rice 和 Tracey、Hancock 和 Mackenzie、Mackenzie 等、Johnson 和 Cook 等。这些研究发现，塑性变形引起的延性断裂极大地依赖于应力三轴度（Mirza et al.，1996；Børvik et al.，2005；Bao and Wierzbicki，2004），同时应变率和温度也对材料的延性断裂有不可忽略的影响；另外，一些研究表明，断裂应变可能也依赖于 Lode 参数，但其与断裂准则的关系还在进一步的研究中（Wierzbicki et al.，2005；Gao and Kim，2006；Bai and Wierzbicki，2008；Coppola et al.，2009）。在涉及材料断裂的动态计算领域，J-C 断裂准则应用最为广泛，并且可以找到许多成功预测的案例，如 Teng 等（2005）、Gupta 等（2008）的文献。

本章所做的工作大致包含三个部分，首先，根据 Johnson-Cook 模型所需要标定的参数，设计并开展系列万能材料试验机、高温、霍普金森拉杆（split Hopkinson tension bar，SHTB）等材料试验，获得材料试验数据；然后，标定获得 Q235 钢的 Johnson-Cook 强度模型和断裂模型；最后，利用这些数据，标定 Zerilli-Armstrong 本构模型、Cowper-Symonds 本构模型中的参数，对比讨论这些模型的准确性及适用性。

2.1　基于 Johnson-Cook 模型的金属材料动态力学行为描述

金属材料的塑性流动应力是表征金属材料在非线性大变形下力学行为的一个重要参量。在材料进入大变形塑性流动后，应变率、温度、应变硬化及加载历程等对材料的应力状态都有影响，应力与应变不再是简单的一一对应关系。通常认为，应变强化、应变率和温度效应是对流动应力影响较大的三个主要因素，通过单一曲线假设并引入等效应力和等效应变概念可将单轴试验得到的应力-应变关系推广到复杂应力状态下。材料动态本构关系中等效应力和等效应变可定义为

$$\sigma_{eq} = \frac{1}{\sqrt{2}}\sqrt{(\sigma_1 - \sigma_2)^2 + (\sigma_2 - \sigma_3)^2 + (\sigma_3 - \sigma_1)^2} \tag{2-1}$$

$$\varepsilon_{eq} = \frac{1}{\sqrt{2}}\sqrt{(\varepsilon_1 - \varepsilon_2)^2 + (\varepsilon_2 - \varepsilon_3)^2 + (\varepsilon_3 - \varepsilon_1)^2} \tag{2-2}$$

式中，σ_{eq}、σ_i、ε_{eq} 和 ε_i 分别表示等效应力、主应力、等效应变和主应变，$i = 1, 2, 3$。

目前常见的金属材料动态本构模型基本都是基于等效应力-应变关系提出的，常见的有 Johnson-Cook 模型、Zerilli-Armstrong 模型及 Steinberg 模型等。其中 Johnson-Cook 本构模型包含应变、应变率强化效应和温度软化效应，因其具有形式简单、各项物理意义明确、参数比较容易获得等特点，在金属结构冲击和非线性大变形问题上得到了广泛而成功的应用。其具体形式为

$$\sigma_{eq} = (A + B\varepsilon_{eq}^n)(1 + C\ln\dot{\varepsilon}_{eq}^*)(1 - T^*) \tag{2-3}$$

式中，A、B、n、C、m 都是与材料相关的常数；ε_{eq} 为等效塑性应变；$\dot{\varepsilon}_{eq}^*$ 为无量纲等效塑性应变率，$\dot{\varepsilon}_{eq}^* = \dot{\varepsilon}/\dot{\varepsilon}_0$，$\dot{\varepsilon}_0$ 为参考应变率；无量纲温度参数 $T^* = (T - T_r)/(T_m - T_r)$，$T$ 为材料当前温度，T_r 为参考温度，一般选取室温，T_m 为材料的熔点。

材料除具有变形和塑性流动行为外，损伤和失效行为也是材料动态特性的重要组成部分。当加载达到材料的极限承载能力时，材料就会发生失效或破坏，材料的失效与多种复杂因素有关，描述材料的极限承载和变形能力的经验或理论公式称为失效判据或断裂准则。现有的各主要商用有限元软件都提供了多种断裂准则，常见的断裂准则有常塑性应变准则、最大剪应力/主应力准则、基于塑性功的 Cockroft-Latham（C-L）准则以及经验型 Johnson-Cook 准则等。

大量研究表明，金属材料的延性断裂与材料中孔洞形成、扩展和聚合有关，而微孔洞的产生和增长与材料的应力状态即应力三轴度显著相关，温度和应变率对材料的断裂也有很大影响。Johnson-Cook 断裂准则很好地考虑了应力三轴度、温度及应变率效应对失效应变的影响，并且表述为三项乘积形式，物理意义清楚，且参数相对容易获得，因此得到了较为广泛的应用。Johnson-Cook 断裂准则形式如下：

$$\varepsilon_f = [D_1 + D_2 \exp(D_3 \sigma^*)](1 + D_4 \ln \dot{\varepsilon}_{eq}^*)(1 + D_5 T^*) \tag{2-4}$$

式中，$D_1 \sim D_5$ 是与材料相关的常数；σ^* 为应力三轴度，定义为 $\sigma^* = \sigma_m / \sigma_{eq}$，其中静水压力 $\sigma_m = (\sigma_{11} + \sigma_{22} + \sigma_{33})/3$。

Johnson-Cook 断裂准则利用了累积损伤思想考虑了应力状态、应变率及温度变化对材料破坏的影响，且认为损伤与强度互不耦合，这有利于模型参数的获取，且大量实践证明，这种处理方法对延性金属材料是有效的。单元的损伤演化定义为

$$D = \sum \frac{\Delta \varepsilon_{eq}}{\varepsilon_f} \tag{2-5}$$

式中，$\Delta \varepsilon_{eq}$ 为等效塑性应变增量；ε_f 为失效应变；D 为损伤变量，其初始值为 0，当达到 1 时，材料失效。

2.2　Johnson-Cook 本构和失效模型参数的获取方案

本章所研究的 Q235B 钢是一种延性非常好的金属材料，符合 Johnson-Cook 强度模型和失效准则的适用条件。为了标定 Q235B 钢的这些待定参数，需首先开展系列材料试验，本节即讨论这些参数获取的技术路线。

在式（2-3）中，右边三项分别代表等效塑性应变、应变率和温度对流动应力的影响。参数 A、B 和 n 可以通过参考应变率和参考温度下光滑圆棒拉伸试验获得；当然，通过薄壁圆管的扭转试验也可以得到，这两种获得应变强化相关参数的方法都可以在文献中找到（Johnson and Cook，1983）。虽然薄壁圆管扭转试验可能会获得更大的应变范围，但它需要非常严格的试验设置，实现起来比较困难；对一般的延性材料，拉伸试验也能给出足够的应变范围，而且容易实现，因此更多的研究使用拉伸试验来获得应变强化相关参数。本章所研究的 Q235B 钢延性相当好，拉伸试验可以获得足够的应变范围，因此选用单向拉伸试验的方法来标定应变强化相关参数。在参考应变率和参考温度下，式（2-3）可写为 $\sigma_{eq} = A + B\varepsilon_{eq}^n$，在初始屈服点，也就是 $\varepsilon_{eq} = 0$ 时，$\sigma_{eq} = \sigma_y = A$，这里 σ_y 是屈服应力，A 通常取为单向拉伸试验屈服时的工程应力，B 和 n 通过拟合等效应力-应变数据获得。

应变率敏感参数 C 和温度软化参数 m 可以通过不同应变率和不同温度下的单

向拉伸试验数据获得。由式（2-3）可知，当应变率设定为参考值时，屈服应力和温度的关系可写为 $\sigma_{eq} = A(1 - T^{*m})$；同样，在室温下屈服应力和应变率的关系可写为 $\sigma_{eq} = A(1 + C\ln\dot{\varepsilon}_{eq}^{*})$。因此，温度软化参数 m 可以通过不同温度下的屈服应力获得，应变率敏感参数 C 可以通过材料在不同应变率下的屈服应力获得。

此外，在这个过程中还应该考虑高应变率造成的温度升高。假设加载过程为绝热的，材料温度的升高可以用塑性功的消耗来表示，即 $\Delta T = \dfrac{\chi}{\rho C_p}\int\sigma_{eq}\mathrm{d}\varepsilon_{eq}$，其中，$\rho$ 是材料密度，C_p 是比热容，χ 是塑性功传热经验系数，通常取 $\chi = 0.9$（Bai and Dodd，1992）。

当然，用式（2-3）所示的 J-C 本构模型原始形式不一定能够对所有试验数据做出非常好的拟合，在实际使用时，可以修改其中的一项或几项，广义的 J-C 本构关系描述如下：

$$\sigma_{eq} = f(\varepsilon)g(\dot{\varepsilon})h(T) \tag{2-6}$$

式（2-6）中参数获取的方式与原始 J-C 本构模型基本相同。

断裂准则部分如式（2-4）给出的 J-C 断裂准则原始表达式所示，式中右边三项分别表示应力三轴度 σ^{*}（即应力状态）对失效应变的影响、应变率的影响、温度的影响。

在参考应变和参考温度下，断裂应变与应力三轴度的关系简化为 $\varepsilon_f = D_1 + D_2\exp(D_3\sigma^{*})$。因此 $D_1 \sim D_3$ 可以通过开展参考应变率和参考温度下不同应力三轴度的试验来获得。通过压缩、纯剪切和缺口试件拉伸试验实现不同的应力三轴度，其中单向压缩试验 $\sigma^{*} = -1/3$，纯剪切试验 $\sigma^{*} = 0$，单向拉伸试验 $\sigma^{*} = 1/3$。对缺口拉伸试验，通过 Bridgman（1952）的研究，初始应力三轴度可以通过下式计算：$\sigma_0^{*} = 1/3 + \ln[1 + a/(2R)]$，其中，$a$ 和 R 分别是试件当前横截面的半径和缺口处的曲率半径。

应变率影响常数 D_4 能通过参考温度下不同应变率拉伸试验获得，同样，温度影响常数 D_5 能通过参考应变率下不同温度拉伸试验获得。由式（2-4）可知，在参考温度下，断裂应变与应变率的关系为 $\varepsilon_f = [D_1 + D_2\exp(D_3\sigma^{*})](1 + D_4\ln\dot{\varepsilon}_{eq}^{*})$，通过开展一系列同样温度和同样应力三轴度下不同应变率试验，获得对应的断裂应变，在 $D_1 \sim D_3$ 已知的前提下，通过拟合断裂应变-应变率试验数据可以得到应变率影响常数 D_4。在参考应变率下和同样的应力三轴度下，断裂应变和温度的关系变为 $\varepsilon_f = [D_1 + D_2\exp(D_3\sigma^{*})](1 + D_5T^{*})$，同样地，执行一系列同样应力三轴度和参考应变率下不同温度的试验，获得对应的断裂应变，在 $D_1 \sim D_3$ 已知的前提下，拟合断裂应变-温度试验数据可以得到温度影响常数 D_5。

与 J-C 本构模型一样，用 J-C 断裂准则的原始形式有时也不一定能够对所有试验数据做出非常好的拟合，在实际使用时，可以修改其中的一项或几项，广义的 J-C 断裂准则描述如下：

$$\varepsilon_f = F(\sigma^*)G(\dot{\varepsilon})H(T) \tag{2-7}$$

式（2-7）中参数获取的方式与原始 J-C 断裂准则基本相同。

2.3　Q235B 钢材料性能试验

Q235B 钢是一种在我国广泛使用的工程结构用钢，表 2-1 给出了 Q235B 钢的材料组成成分。基于前面的讨论，为了标定本构关系（式（2-3））和断裂准则（式（2-4）），开展了四个系列的材料性能测试。表 2-2 给出了这几种材料性能测试与获取相关参数的关系，图 2-1 给出了各种试件的几何形状及尺寸，所有试验试件来自于同一种直径为 15mm 的 Q235B 钢棒。Q235B 钢的杨氏模量 $E = 200\text{GPa}$，泊松比 $v = 0.3$，比热容 $C_p = 469\text{W}/(\text{m}\cdot\text{K})$，密度为 7800kg/m^3，熔化温度 $T_m = 1795\text{K}$。

压缩试验、缺口拉伸试验、高温拉伸试验以及室温下圆棒试件较低应变率（$10^{-4} \sim 10^{-1}$）下拉伸试验在 Inston 5569 万能试验机上进行。高应变率下拉伸试验在 SHTB 设备上进行。

表 2-1　Q235B 钢的组成成分（单位：%）

C	Mn	Si	S	P
0.12～0.20	0.30～0.64	＜0.30	＜0.045	＜0.045

表 2-2　试验分类

试验系列	相关系数	试件几何形状	试验类型
I	A, B, n	光滑圆棒试件（图 2-1（a））	室温准静态拉伸试验
II	m, D_5	光滑圆棒试件（图 2-1（a））	室温～900℃准静态拉伸试验
III	C, D_4	光滑圆棒试件（图 2-1（a）、（c）、（e））	室温下不同应变率拉伸试验（包括霍普金森拉杆试验）
IV	D_1, D_2, D_3	光滑圆棒试件（图 2-1（a））、缺口圆棒试件（图 2-1（b））、圆柱压缩试件（图 2-1（d））	室温准静态下圆棒、缺口拉伸试验，圆柱压缩试验

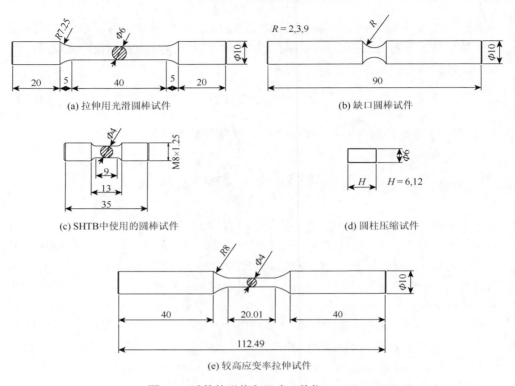

(a) 拉伸用光滑圆棒试件　　　　　　　　(b) 缺口圆棒试件

(c) SHTB中使用的圆棒试件　　　　　　　(d) 圆柱压缩试件

(e) 较高应变率拉伸试件

图 2-1　试件的形状和尺寸（单位：mm）

2.3.1　光滑圆棒试件拉伸试验

室温下光滑圆棒试件准静态拉伸试验名义应变率取 $8.33 \times 10^{-4}\,\mathrm{s}^{-1}$。在试验中，用 10mm 标距的夹式引伸计记录试件的伸长量，获得了三个试件的荷载-位移曲线。将荷载-位移曲线先转化为工程应力-应变曲线，再转化为真实应力-应变曲线，如图 2-2 所示，可以看出三个试件的材料流动行为是非常接近的。

开展了 150~950℃光滑圆棒试件参考应变率下的拉伸试验。图 2-3 给出了所有试件的荷载-位移曲线（包括室温（20℃）时的），除室温以外，其他的拉伸位移均来自试验机的横梁位移。可以明显地看出，在室温、150℃、350℃时，荷载-位移曲线有明显的屈服平台，

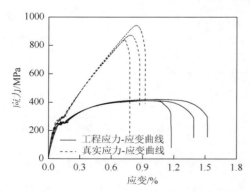

图 2-2　Q235B 钢在室温和参考应变下拉伸试验应力-应变曲线

但在更高的其他三个温度下却没有。

　　为了获得屈服应力和断裂应变与应变率的关系，开展了室温下不同应变率的拉伸试验。低应变率（$10^{-1}s^{-1}$ 以下）时采用万能试验机加载，高应变率时采用 SHTB 动态拉伸试验装置。在万能试验机拉伸试验中，采用 10mm 标距的引伸计测量拉伸位移。图 2-4 和图 2-5 给出了获得的应力-应变曲线。从图中可以看出，大部分的试验结果都存在明显的屈服过程。值得注意的是，动态试验（图 2-5）由于具有惯性效应，在开始阶

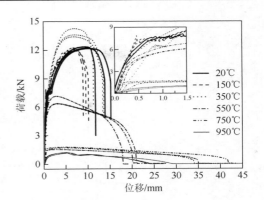

图 2-3　不同温度下 Q235B 拉伸
试验荷载-位移曲线

段会出现正常的抖动和一定的偏差，两条曲线在屈服后的阶段还是非常接近的。本节中材料的屈服应力并不是直接从图中得到的，而是通过光滑曲线反向延长，与以弹性模量为斜率的直线相交得到的。因此，曲线开始阶段的差别对结果影响并不大。

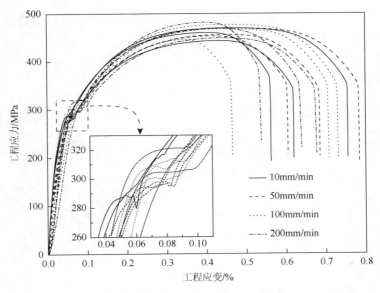

图 2-4　单向拉伸试验不同拉伸速度下的应力-应变曲线

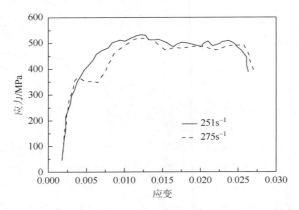

图 2-5   霍普金森拉杆动态拉伸试验获得的应力-应变曲线

2.3.2   缺口拉伸试验

为了获得较宽的应力三轴度范围，缺口拉伸试验选用了三种试件，缺口半径 R 分别为 2mm、3mm 和 9mm。在试验中为了监控缺口区域的延伸量，缺口半径为 2mm 和 3mm 的试件采用 10mm 标距的引伸计，而缺口半径为 9mm 的试件采用 20mm 标距的引伸计。图 2-6 给出了不同缺口半径试件的拉伸试验荷载-位移曲线。可以看出，延性随着缺口半径的增大而增长了。

2.3.3   压缩试验

为了考察材料延性在负的应力三轴度下的特性，开展了圆柱试件的压缩试验。通过应力三轴度的定义可知，单向压缩试验的应力三轴度 $\sigma^* = \sigma_H / \sigma_{eq} = -1/3$。不幸的是，6 个压缩试验都不能将圆柱试件压裂。图 2-7 给出了压缩试验的荷载-位移曲线，这里位移指的是试验机的横梁位移。

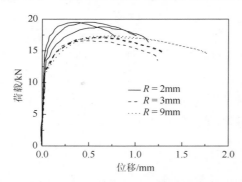

图 2-6   不同缺口半径试件拉伸试验
荷载-位移曲线

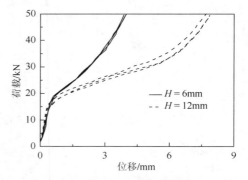

图 2-7   圆柱压缩试验荷载-位移曲线

2.3.4　光滑圆棒试件的扭转试验

为了获得 $\sigma^* = 0$ 时的断裂应变，开展了光滑圆棒扭转试验。在扭转试验机上，将光滑圆棒试件一端固定，另一端施加扭矩，但是不约束其轴向位移。图 2-8 展示了获得的扭矩-转角曲线，这里转角指的是施加扭矩的一端试件转动的角度。从图 2-8 中可以看出扭转过程中呈现出明显的屈服过程。

3 个扭转试件扭断后断口表面都非常平齐，如图 2-9 所示，这说明了 Q235B 钢是延性非常好的材料。

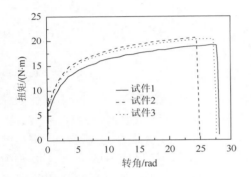
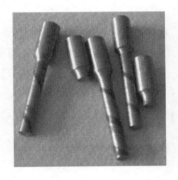

图 2-8　扭转试验获得的扭矩-转角曲线　　　　图 2-9　室温扭转试验扭断后的试件

2.4　Johnson-Cook 本构和失效模型的参数标定

2.4.1　本构模型参数标定

从图 2-2 中可以获得材料单向拉伸平均屈服应力 $\sigma_y = 244.8\text{MPa}$，也就是说 $A = 244.8\text{MPa}$。通常，应该在更大的应变范围内来标定 B 和 n，但是由于在颈缩点之后的真应力-应变需要颈缩位置直径变化信息，而这在目前的试验条件下无法获得，因此仅仅采用颈缩点之前的塑性流动曲线来标定 B 和 n。由于材料本身延性非常好，颈缩之前试件变形已经非常大了。拟合试验数据得到 $B = 899.7\text{MPa}$ 和 $n = 0.940$，拟合结果展示在图 2-10 中。

图 2-11 给出了在相同名义应变率下不同温度对应的屈服应力。使用式（2-3）的本构关系可拟合得到 $m = 0.757$。然而从图 2-11 中可以看出，采用原始 J-C 本构模型中的温度项形式描述 Q235B 的温度软化行为有较大误差。为了提高模型的预测能

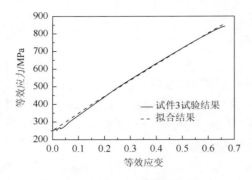

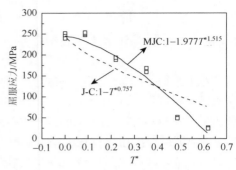

图 2-10　试件 3 在颈缩前流动行为
的拟合曲线

图 2-11　Q235B 钢不同温度下的屈服应力

力，可将 J-C 本构模型中原始的温度项（$1-T^{*m}$）改为（$1-FT^{*m}$），其中 F 和 m 是温度软化参数，此时改进的 J-C（简记为 MJC）本构关系表达为

$$\sigma_{eq} = (A + B\varepsilon_{eq}^{n})(1 + C\ln\dot{\varepsilon}_{eq}^{*})(1 - FT^{*m}) \tag{2-8}$$

这样，原始的 J-C 本构方程变成了式（2-8）的一个特例，即 $F = 1$ 时代表原始的 J-C 本构模型。用改进了的 J-C 本构模型拟合试验数据得到 $F = 1.977$，

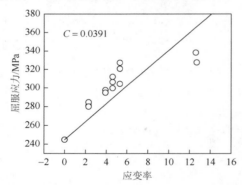

图 2-12　Q235B 钢在不同应变率下的屈服应力

$m = 1.515$。如图 2-11 所示，改进后的 J-C 本构模型相对于原始 J-C 本构模型能对不同温度下单向拉伸的屈服应力给出更好的拟合。

图 2-12 给出了图 2-4 和图 2-5 中室温（20℃）下不同应变率拉伸试验各应变率对应的屈服应力。用式（2-3）拟合试验数据得到 $C = 0.0391$。在改进的 J-C 本构模型（式（2-8））中，C 值与原始 J-C 本构模型一致。

2.4.2　失效模型参数标定

进行的拉伸试验包括光滑圆棒单向拉伸试验和缺口拉伸试验，断裂应变可以按式（2-9）计算：

$$\varepsilon_{f} = \ln\left(\frac{A_0}{A_f}\right) \tag{2-9}$$

式中，A_0 是原始的横截面积；A_f 是断裂时断口区域的横截面积。图 2-13 展示了在参考应变率和室温下拉断后的光滑圆棒和缺口试件。从图 2-13 中可以看出，"杯锥口状"是 Q235B 钢光滑圆棒单向拉伸和缺口拉伸的典型断裂现象。

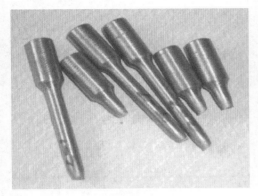

(a) 圆棒试件

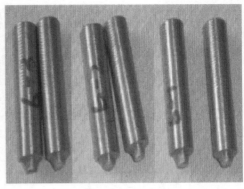

(b) $R=2\text{mm}$ 缺口拉伸试件

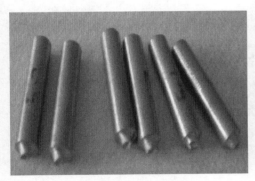

(c) $R=3\text{mm}$ 缺口拉伸试件

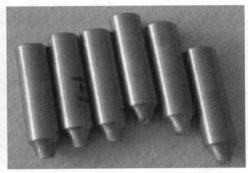

(d) $R=9\text{mm}$ 缺口拉伸试件

图 2-13　室温和参考应变率下各种拉伸试验断裂后的试件

$\sigma^*=0$ 时对应的断裂应变不能通过光滑圆棒扭转试件直接获得，可以利用数值仿真的方法，将仿真得到的扭矩-转角曲线与试验结果进行比较，一旦仿真结果与试验结果接近，就可以通过仿真确定断裂应变（Bao and Wierzbicki，2004；Mohr and Henn，2007；Mae et al.，2007；肖新科，2010）。本书使用 Abaqus/Standard 建立扭转试验的二维轴对称有限元模型，如图 2-14 所示。在标距段内的单元尺寸大概为 $0.1\text{mm}\times0.1\text{mm}$，试件半径方向划分 30 个单元。将试件的一端完全固定，另一端与试件对称轴上的一个参考点相关联，将试件末端的单元节点通过 Abaqus 提供的运动耦合功能刚性约束到这个参考点上，并在参考点上施加一个角速度。将真应力-应变关系代入有限元模型，并监控参考点的扭矩和转角。最初，把通过光滑圆棒单向拉伸试验获得的参数，也就是 $A=244.8\text{MPa}$，

$B = 899.7\text{MPa}$，$n = 0.940$ 作为真应力-应变关系输入软件进行试算，发现得到的屈服之后的扭矩-转角曲线与试验结果不是非常一致。为了得到更接近的扭矩-转角曲线，对参数 B 和 n 进行了适当的调整，最后发现，当 $A = 244.8\text{MPa}$，$B = 400.0\text{MPa}$，$n = 0.360$ 时，仿真和试验结果的一致性比较好，如图 2-15 所示。假设数值计算在断裂点预测到了和试验相同的变形角度，可以得到断裂应变为 1.175，如图 2-16 所示。一些公开的文献研究已经表明（Johnson and Cook，1983；肖新科，2010），材料在单向拉伸和扭转下的流动行为通常是不完全相同的，因此本书的处理方法可以认为是合理的。

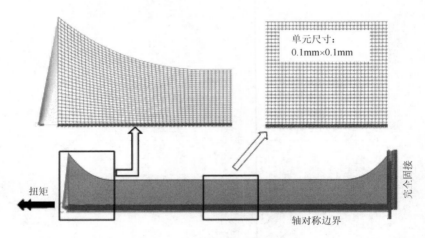

图 2-14　扭转试验的有限元模型

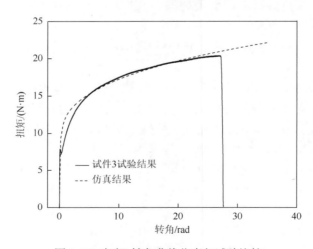

图 2-15　扭矩-转角曲线仿真与试验比较

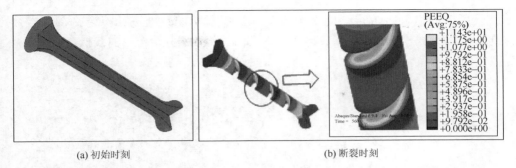

(a) 初始时刻　　　　　　　　　　　　　　(b) 断裂时刻

图 2-16　扭转试件有限元计算的等效塑性应变云图（图中时间单位为 s）

　　图 2-17 综合了光滑圆棒单向拉伸试验、缺口拉伸试验和扭转试验的应力三轴度对应的断裂应变，拟合得到 $D_1 = -43.408$，$D_2 = 44.608$，$D_3 = -0.016$。

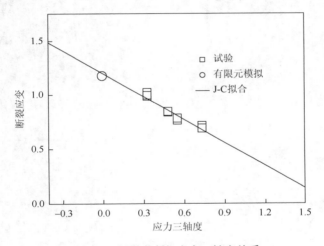

图 2-17　断裂应变与应力三轴度关系

　　通过式（2-9）计算出参考应变率下不同温度光滑圆棒单向拉伸试验对应的断裂应变。图 2-18 展示了断裂后的试件，图 2-19 总结了断裂应变数据并用原始 J-C 断裂准则进行了拟合。从图 2-19 可以看出，原始 J-C 断裂模型中线性形式的温度项不能很好地拟合试验结果。为了改善拟合效果，将 J-C 断裂模型中的温度项修改为 $1 + D_5 \exp(D_6 T^*)$，改进后的 J-C 断裂准则变为

$$\varepsilon_f = [D_1 + D_2 \exp(D_3 \sigma^*)](1 + D_4 \ln \dot{\varepsilon}_{eq}^*)[1 + D_5 \exp(D_6 T^*)] \tag{2-10}$$

　　修改后断裂准则的拟合结果也展示在了图 2-19 中，拟合得到 $D_5 = 0.046$，$D_6 = 7.776$。可以看出，MJC 准则能对试验结果给出更好的拟合。

　　由于 SHTB 装置能提供的拉伸荷载有限，试验中没有得到拉断的试件，因此，

仅采用万能试验机上得到的不同应变率拉伸试验的数据进行拟合，得到参数 $D_4 = 0.0145$。图 2-20 总结了不同应变率下的试验数据并给出了曲线拟合结果。

图 2-18　参考应变率下 150～950℃高温拉伸试验断裂后的试件

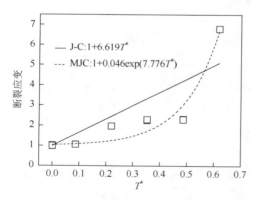

图 2-19　拉伸断裂应变与温度的关系

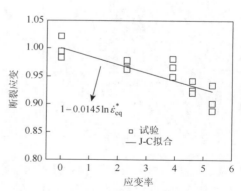

图 2-20　室温下拉伸断裂应变与
应变率的关系

2.5　Zerilli-Armstrong 与 Cowper-Symonds 本构模型参数标定

除 Johnson-Cook 本构模型外，Zerilli-Armstrong、Cowper-Symonds 本构模型也是冲击爆炸仿真领域常用的形式。本章所开展的材性试验，同样可作为这两种模型参数标定之用。基于此,本节通过 MATLAB 软件采用最小二乘法对这些试验数据进行拟合,获得模型的待定参数。

Cowper-Symonds 本构模型在有限元软件 LS-DYNA 中对应 24 号材料,需要标定的参数为 C、P。通过已获得的试验数据拟合后得到 C 值为 5000,P 值为 1.2,拟合后的本构方程如式(2-11)所示:

$$\sigma_{\mathrm{eff}}(\varepsilon_{\mathrm{eff}}^p, \dot{\varepsilon}_{\mathrm{eff}}^p) = \sigma_{\mathrm{y}}^s(\varepsilon_{\mathrm{eff}}^p)\left[1+\left(\frac{\dot{\varepsilon}_{\mathrm{eff}}^p}{5000}\right)^{\frac{1}{1.2}}\right] \qquad (2\text{-}11)$$

式中,$\varepsilon_{\mathrm{eff}}^p$ 为等效塑性应变值;$\dot{\varepsilon}_{\mathrm{eff}}^p$ 为等效塑性应变率;σ_{y}^s 为准静态应力值(MPa)。

修正后的 Zerilli-Armstrong 本构模型表达式如式(2-12)所示,该式适用于应变率在 $10^2 \sim 10^4$ 范围、材料压力较小、剪切模量和体积模量变化较小的情况。本构模型需要拟合的参数为 C_1、C_2、C_3、C_4、C_5、n 计 6 项,拟合后的模型如式(2-13)所示:

$$\sigma_{\mathrm{eff}} = C_1 + C_2 e^{[-C_3 + C_4\ln(\dot{\varepsilon}^*)]T} + C_5(\varepsilon^p)^n \qquad (2\text{-}12)$$

$$\sigma_{\mathrm{eff}} = 3.46\times10^8 + 2.4\times10^7 e^{[0.0028+0.0015\ln(\dot{\varepsilon}^*)]T} + 1.90\times10^8(\varepsilon^p)^{0.289} \qquad (2\text{-}13)$$

式中,$\dot{\varepsilon}^*$ 为无量纲应变率,计算公式为 $\dot{\varepsilon}^* = \dot{\varepsilon}/\dot{\varepsilon}_o$,$\dot{\varepsilon}_o$ 为参考应变率;ε^p 为累积塑性应变。

结合前面标定的 J-C 本构模型,选取常温(20℃)时拟合后的三种本构模型部分应变率下的真实应力-应变曲线与试验曲线进行对比,三种模型误差均较小,如图 2-21 所示。由曲线对比可看出,J-C 本构模型在不同应变率下、不同应变时拟合误差均比较小;C-S 本构模型在材料应变率较小时吻合较好,伴随应变和应变率的增大,误差逐渐增大;Z-A 本构模型拟合精度伴随应变率的增加而增加。

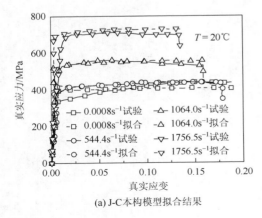

(a) J-C 本构模型拟合结果

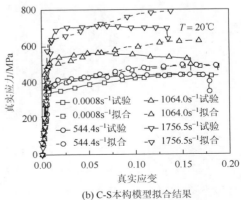

(b) C-S 本构模型拟合结果

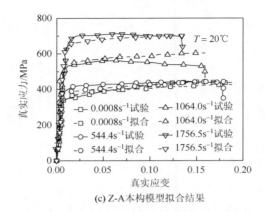

(c) Z-A本构模型拟合结果

图 2-21　三种本构模型拟合结果比较

2.6　本构模型的验证及应用讨论

　　Taylor 杆试验是 Taylor 于 1948 年建立的一种估算材料动态屈服应力的试验方法。20 世纪 80 年代后，通过与数值模拟相结合，Taylor 杆试验主要用于材料动态本构关系及参数的验证。本章开展的 Taylor 杆试验的试件与前述材性试验的试件取自同根 Q235B 圆棒，通过调整子弹的撞击速度共开展了 6 组 Taylor 杆试验。试验发现，在子弹撞击速度小于 225m/s 时，子弹发生镦粗的变形模式；速度继续增加时，子弹发生开裂。在 LS-DYNA 中选用已拟合得到的三种本构模型进行 Taylor 杆试验的数值模拟。通过对子弹最终形态的测量将试验数据与数值模拟进行对比，对这三种本构模型的有效性进行验证，部分形态对比如图 2-22 所示。

图 2-22　Taylor 杆试验与数值模拟形态对比

　　在整个撞击过程中子弹的应变率逐渐降低，而应变率的数值对本构的影响最大。若要分析本构模型的正确性，必须先确定撞击过程中子弹的应变率水平。通过应变率计算公式（2-14）可对 Taylor 杆撞击中子弹的瞬时应变率进行估计，本书分析中选取整个持时的 1/4 时刻、1/2 时刻、3/4 时刻求取应变率，然后对该三个时刻应变率取平均值，子弹应变率随撞击速度变化如图 2-23 所示。

$$\dot{\varepsilon} = \lim_{\Delta t \to 0} \frac{\Delta \varepsilon}{\Delta t} = \frac{\Delta L / L}{\Delta L / V} = \frac{V}{L} \tag{2-14}$$

由图 2-23 可以看出，在子弹撞击速度为 122m/s 时，平均应变率已达到 $1000s^{-1}$ 以上，随撞击速度的增加，子弹变形应变率增加较大，撞击速度达到 290m/s 时，平均应变率在 $3500s^{-1}$ 左右；在这些数值模拟中，选用不同的材料模型时应变率存在差别，在撞击速度较小的时候差别较大，伴随撞击速度的增大，三种材料模型的应变率水平逐渐接近。试验结束后，对试件的尺寸进行测量，主要测量子弹撞击结束后直径 D_F 及长度 L_F，并与数值模拟结果进行了对比。图 2-24 为测量尺寸的说明，表 2-3 为数据结果对比。

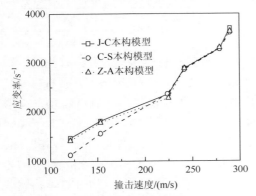

图 2-23　子弹应变率随撞击速度变化曲线

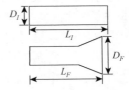

图 2-24　试件尺寸说明

表 2-3　Taylor 杆数值仿真与试验对比

撞击速度 V_o/(m/s)	Taylor 杆试验/mm			数值仿真/mm				误差/%	
	L_F	D_F	变形模式	本构模型	L_F	D_F	变形模式	L_F	D_F
122.0	47.8	16.8	镦粗	C-S	48.2	15.9	镦粗	−0.8	5.4
				J-C	48.3	15.0	镦粗	−1.0	10.7
				Z-A	48.8	14.9	镦粗	−2.1	11.3
153.5	46.8	16.6	镦粗	C-S	47.4	15.8	镦粗	−1.3	4.8
				J-C	47.5	15.7	镦粗	−1.5	5.4
				Z-A	47.9	15.2	镦粗	−2.4	8.4
225.0	43.1	20.0	镦粗	C-S	45.1	17.4	镦粗	−4.6	13.0
				J-C	44.8	18.4	开裂	−3.9	8.0
				Z-A	45.3	17.2	镦粗	−5.1	14.0

续表

撞击速度 V_o/(m/s)	Taylor 杆试验/mm			数值仿真/mm				误差/%	
	L_F	D_F	变形模式	本构模型	L_F	D_F	变形模式	L_F	D_F
242.5	42.7	22.3	开裂	C-S	43.4	19.6	开裂	−1.6	12.1
				J-C	43.5	20.9	开裂	−1.9	6.3
				Z-A	43.3	19.9	开裂	−1.4	10.8
279.0	38.9	26.1	开裂	C-S	40.3	23.1	开裂	−3.6	11.5
				J-C	40.0	24.1	开裂	−2.8	7.7
				Z-A	40.4	23.6	开裂	−3.9	9.6
290.0	38.5	26.8	开裂	C-S	39.9	23.7	开裂	−3.6	11.6
				J-C	39.2	24.5	开裂	−1.8	8.6
				Z-A	39.3	23.8	开裂	−2.1	11.2

在子弹发生开裂失效之前，其力学性能主要通过材料本构方程进行描述，即子弹速度小于225m/s时，子弹发生镦粗变形。由表2-3可以看出，三种材料模型均可模拟出子弹的变形模式，且对最终子弹长度的模拟误差均小于6%，但对变形后直径模拟的误差稍大。当速度达到242.5m/s时，子弹开裂，断裂准则对子弹端部开裂形式影响较大。通过对试件长度和直径测量发现，三种材料模型对其开裂后外形尺寸也具有一定预测作用，但误差稍大于开裂之前的模拟。分析表明：C-S本构模型在平均应变率小于1500s^{-1}时对子弹变形形态模拟精度高于J-C本构模型和Z-A本构模型；J-C本构模型适用应变率的范围较大，在应变率大于2000s^{-1}时精度明显好于C-S本构模型；Z-A本构模型在不同的应变率下，其精度均不能达到最佳，且其拟合过程中参数较多，不推荐在工程中使用。

2.7　本章小结

本章展示了Q235B钢在不同应变率、温度和应力三轴度下的试验数据，然后使用试验数据标定了J-C本构模型和断裂模型、C-S本构模型、Z-A本构模型中的待定参数。为了改进拟合结果，对原始的J-C本构模型和断裂模型进行了修正。最后，通过Taylor杆试验验证了所获得模型参数的准确性，并讨论了三种材料动态模型的适用范围。

需要指出的是，本章所研究的材料动态本构问题是构件、结构冲击数值仿真的基础，然而在本方向的研究中，材料动态本构的研究并不是最先完成的。在网壳结构抗冲击研究的早期，人们使用的材料动态本构模型是 C-S 本构模型，模型中的待定参数是通过查阅其他类似材料的研究资料假设的。在完成本章工作后，我们发现，C-S 本构模型可较好地适用于工程低速撞击的情况，且应用简单，在后续章节的数值仿真中得到了较多的应用；反而适用性最好的 J-C 修正模型，由于在 LS-DYNA 或 AUTODYN 中对杆系构件不能良好适配，设置复杂，应用较少。J-C 本构模型有更好的应变率适用范围，可以考虑温升软化效应等优势，因此在作者的另一个工作方向——爆炸荷载的仿真中可以发挥更好的作用。

除此之外，仅仅针对 Q235B 钢的研究仍然是不够的，建筑工程中的材料（包括钢材等金属材料）种类非常多，其他材料的动态本构也是目前研究的热点，这些工作受到国内外学者的广泛关注，并在不断完善补充中。

参 考 文 献

肖新科. 2010. 双层金属靶的抗侵彻性能和 Taylor 杆的变形与断裂. 哈尔滨：哈尔滨工业大学.

Bai Y, Dodd B. 1992. Adiabatic Shear Localization: Occurrence, Theories and Applications. New York: Pergamon Press.

Bai Y, Wierzbicki T. 2008. A new model of metal plasticity and fracture with pressure and Lode dependence. International Journal of Plasticity, 24: 1071-1096.

Bao Y, Wierzbicki T. 2004. On fracture locus in the equivalent strain and stress triaxiality space. International Journal of Mechanical Sciences, 46: 81-98.

Børvik T, Hopperstad O S, Dey S, et al. 2005. Strength and ductility of Weldox 460 E steel at high strain rates, elevated temperatures and various stress triaxialities. Engineering Fracture Mechanics, 72: 1071-1087.

Bridgman P W. 1952. Studies in Large Plastic Flow and Fracture. New York: McGraw-Hill.

Clausen A H, Børvik T, Hopperstad O S, et al. 2004. Flow and fracture characteristics of aluminium alloy AA5083-H116 as function of strain rate, temperature and triaxiality. Material Science and Engineering A, 364: 260-272.

Coppola T, Cortese L, Folgarait P. 2009. The effect of stress invariants on ductile fracture limit in steels. Engineering Fracture Mechanics, 76: 1288-1302.

Dieter G E. 1998. Mechanical Metallurgy. New York: McGraw-Hill.

Gao X, Kim J. 2006. Modeling of ductile fracture: Significance of void coalescence. International Journal of Solids and Structures, 43: 6277-6293.

Gupta N K, Iqbal M A, Sekhon G S. 2008. Effect of projectile nose shape, impact velocity and target thickness on the deformation behavior of layered plates. International Journal of Impact Engineering, 35: 37-60.

Johnson G R, Cook W H. 1983. A constitutive model and data for metals subjected to large strains, high strain rates and high temperatures. 7th International Symposium on Ballistics, 19-21: 541-547.

Mae H, Teng X, Bai Y, et al. 2007. Calibration of ductile fracture properties of a cast aluminum alloy. Materials Science and Engineering: A, 459: 156-166.

Mirza M S, Barton D C, Church P. 1996. The effect of stress triaxiality and strain-rate on the fracture characteristics of ductile metals. Journal of Materials Science, 31: 453-461.

Mohr D, Henn S. 2007. Calibration of stress-triaxiality dependent crack formation criteria: A new hybrid experimental-numerical method. Experimental Mechanics, 47 (6): 805-820.

Teng X，Wierzbicki T，Hiermaier S，et al. 2005. Numerical prediction of fracture in the Taylor test. International Journal of Solids and Structures，42：2929-2948.

Wierzbicki T，Bao Y，Lee Y W，et al. 2005. Calibration and evaluation of seven fracture models. International Journal of Mechanical Sciences，47：719-743.

第3章　圆钢管侧向冲击响应试验

由于圆钢管具有回转半径大、截面无方向性等特点，在大跨空间结构中使用最为广泛，例如，我们生活中常见到的网架结构、网壳结构、平面（立体）桁架结构等，绝大多数的构件都是圆钢管。工程中发生的偶然冲击作用大多作用位置集中，对于大跨空间结构的冲击则多作用在结构的局部杆件上，且主要是对构件的侧向（横向）冲击作用。因此，对圆钢管的抗侧向冲击开展研究，对于理解构件的冲击破坏机理，在此基础上描述结构整体的抗冲击性能具有重要的理论意义。

正如第1章所述，自20世纪50年代起，国外学者即开始了圆钢管在轴向冲击荷载下吸能特性的研究。Menkes 和 Opat（1973）第一次提出了两端固支梁在侧向爆炸冲击荷载下的三种失效模式，即非弹性大变形、支承位置拉伸破坏和支承位置剪切破坏；接着 Thomas 等（1976）和 Watson 等（1976a，1976b）提出了圆钢管在侧向集中荷载下的三种变形模式，即局部凹陷、局部凹陷与整体弯曲变形耦合、结构失效；随后相关学者基于以上三种失效模式和三种变形模式进行了大量的研究，包括失效准则（Yu and Chen，1998；Shen and Jones，1992；Jones，1976）、冲击试验（Jones and Birch，2010；Chen and Shen，1998；Ong and Lu，1996；Jones et al.，1992）和理论分析（Jones，2011；Shen and Jones，1992，1991；Wierzbicki and Suh，1988；Ellinas and Walker，1983；de Oliveira et al.，1982；Furnes and Amdahl，1980）的研究等。工程中的构件受到冲击荷载作用时，往往还同时承受受压或受拉荷载，鉴于这些工况，Zeinoddini 等（2008，2002，1999，1998）对轴压作用下海洋平台用圆钢管进行了相关研究。

截至目前，对于圆钢管抗冲击的相关研究成果主要体现在海洋平台钢结构和输油输气管线领域，针对建筑钢结构用钢管的研究尚不多见。关于圆钢管结构抗冲击的设计技术标准也多与石油工业的海洋平台有关，如挪威船级社标准——DNV-RP-C204（2010）、挪威石油工业技术法规——NORSOK Standard N-004（2004）、美国石油协会标准——API RP 2A-WSD（2005）。与我国现行钢结构设计相关规范相比，DNV 规范中除定义了承载能力极限状态和正常使用极限状态外，还进一步提出了结构的偶然荷载极限状态；针对海洋平台设计，该规范提出了冲击荷载工况的韧性设计和强度设计等不同准则。

本章研究的对象为建筑圆钢管。与海洋平台和输油输气用圆钢管相比，建筑圆钢管有一些自身的特点（GB 50017—2017）：①大跨空间结构（含网壳结构）用热加工管材和冷成型管材多为屈服强度不超过 345MPa 的低屈服点钢，而海洋平台和输油输气用圆钢管屈服强度一般均大于 400MPa；②海洋平台常用圆钢管径厚比和长径比（Zeinoddini et al.，1999）一般为 35<D/T<210 和 7<L/D<15，而建筑钢结构常用圆钢管径厚比和长径比一般为 15<D/T<40 和 L/D≥10；③建筑结构用圆钢管为保证截面充分发展塑性，要求伸长率 δ≥15%，而常用的输油输气用圆钢管的伸长率一般在 10%左右。圆钢管的材料性能对其在冲击荷载下的响应及失效机理影响较大，因此专门开展建筑用圆钢管在侧向冲击荷载下的研究是必要的。本章主要通过落锤冲击试验分析圆钢管在两端固支和轴力作用下的冲击动力响应，对圆钢管在冲击荷载下的破坏现象进行讨论。

3.1　两端固支圆钢管侧向冲击试验

　　试验装置采用哈尔滨工业大学土木工程学院的重力式落锤冲击试验系统，该试验系统由系统导轨支承机架、落锤、落锤释放结构、举升机构、固定砧座、冲击压力测试系统及控制平台组成，如图 3-1（a）所示。整个机架高 22m，落锤有效行程为 20.6m，落锤最大配重可达到 1095kg，最大冲击能量达到 225.6kJ。为模拟不同冲击物的撞击，设计了楔形、半球形和圆柱形三种形状的锤头，三种形状冲击锤头的尺寸如图 3-1（b）所示。试件选用大跨空间钢结构常用 Q235B 直缝焊管进行落锤冲击试验，共选用 7 种不同截面规格、3 种跨度的钢管进行楔形锤头侧向跨中冲击试验，部分试件进行了 3 种形状的锤头、1/4 跨和 3/8 跨位置冲击的对比试验。

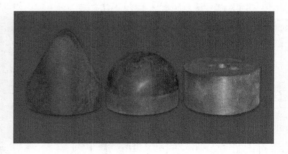
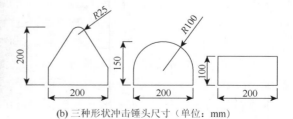

(a) 落锤冲击试验机　　　　　　　　(b) 三种形状冲击锤头尺寸（单位：mm）

图 3-1　重力式落锤冲击试验系统

3.1.1　试验概况

　　为实现钢管两端固支约束，本书设计了相应加载平台及夹持结构，试验现场布置如图 3-2 所示。试验刚性平台由厚 80mm 的钢板加工制作，通过 T 形槽与基础砧座实现固定；同时在刚性平台表面上加工两排间距为 150mm 的 M32 螺栓孔与刚性支承连接，实现圆钢管冲击跨径的调整。通过测试发现，连接方式有效可靠，可提供较好的支承。

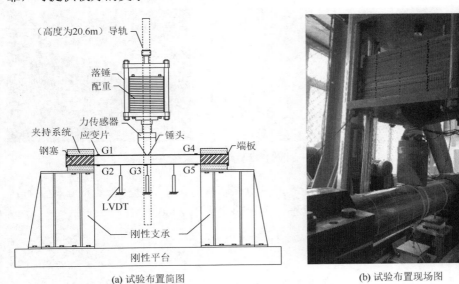

(a) 试验布置简图　　　　　　　　　　　　(b) 试验布置现场图

图 3-2　两端固支圆钢管侧向冲击布置图

LVDT 为位移传感器

　　实现圆钢管试件的有效夹持是模拟固支约束的关键点，针对不同截面尺寸试件，对夹持系统进行了设计：夹持系统由上下两部分构成，通过高强螺栓进行试件的夹持固定；夹持系统下半部分通过高强螺栓与刚性支承实现连接固定，防止夹持系统发生位移；在试件的两端焊接环形钢板，固定后约束轴向滑动；加工直径小于圆钢管内径 1.5mm 的钢塞，由试件端部塞入试件至夹持系统边缘，实现在钢管内部的支承，防止冲击时钢管端部夹持系统处发生向内部的屈曲变形，具体形式如图 3-3 所示。

　　冲击试验过程中通过安装于锤头上部的冲击力传感器对冲击力进行测试。试件位移的测试采用两套测量系统进行：①通过安装于试件下部的 LVDT 进行试件整体弯曲位移 δ_D 测量；②采用磁栅尺测量系统对冲击过程中的落锤位移进行测量，落锤位移即圆钢管上表面的位移。在试件变形较大位置粘贴应变片，对试验

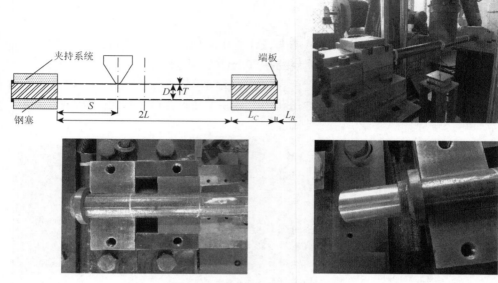

图 3-3　圆钢管尺寸及夹持系统

过程中试件应变发展水平和应变率进行测试。同时采用高速摄像机对试验过程进行记录,分析试件变形发展的过程,拍摄速率大于 2000 帧/s。

3.1.2　试件加工及材性

　　试验试件采用 Q235B 直缝焊管,试件的加工长度由试件净跨度 $2L$、夹持长度 L_C 和焊接端板长度 L_R 构成(图 3-3),采用无齿锯对 6m 长圆钢管型材切割,加工长度分别为 1230mm、1530mm 和 1830mm。冲击试验共选用了 7 种不同截面规格的钢管,同时选取相同规格的圆钢管进行准静态侧向加载试验进行对比分析。试件按照截面尺寸与跨度的不同分为 11 组,试件详情如表 3-1 所示,试件具体编号示意如图 3-4 所示。

图 3-4　圆钢管试件编号说明

表 3-1　圆钢管试件截面特性及尺寸

试件编号	D/mm	T/mm	$2L$/mm	D/T	$2L/D$	长细比(λ)	试验数量	
							冲击试验	准静态
A1	60.0	3.0	900	20.0	15.0	44.6	16	1
A2	60.0	3.0	1200	20.0	20.0	59.5	13	—

续表

试件编号	D/mm	T/mm	2L/mm	D/T	2L/D	长细比(λ)	试验数量 冲击试验	试验数量 准静态
B1	60.0	3.5	900	17.1	15.0	45.0	5	1
B2	60.0	3.5	1200	17.1	20.0	60.0	4	—
B3	60.0	3.5	1500	17.1	25.0	75.0	8	—
C2	88.5	4.0	1200	22.1	13.6	40.1	4	1
D2	114.0	4.0	1200	28.5	10.5	30.8	4	1
E1	140.0	4.5	900	31.1	6.4	18.8	14	—
E2	140.0	4.5	1200	31.1	8.6	25.0	4	1
F2	165.0	4.5	1200	36.7	7.3	21.1	3	1
G2	219.0	6.0	1200	36.5	5.5	15.9	3	1

　　根据《金属材料 拉伸试验 第 1 部分：室温试验方法》（GB/T 228.1—2010）中的规定，在圆钢管上取标准材性试件进行室温准静态拉伸试验，每种截面规格钢管取 3 个标准试件，得到钢管的工程屈服应力（σ_y）、极限拉伸强度（σ_u）和极限拉伸应变（ε_u）数据，见表 3-2。试验前对 80 根试件的截面尺寸、初弯曲（$\delta_o/2L$）和椭圆度（$(D_{max}-D_{min})/D_{max}$）等初始几何缺陷进行了测量，具体数值见表 3-3。

表 3-2　圆钢管材性

试件截面	σ_y/MPa	σ_u/MPa	ε_u	E/GPa
A	250	315	0.26	206
B	275	342	0.27	207
C	235	296	0.33	210
D	245	302	0.32	210
E	295	370	0.33	208
F	270	335	0.30	209
G	265	330	0.31	208

表 3-3　圆钢管初始几何缺陷

试件分组	跨度/mm	名义直径 D/mm	名义壁厚 T/mm	测量直径（平均值）D/mm	测量壁厚（平均值）T/mm	$(D_{max}-D_{min})/D_{max}$	$\delta_o/2L$
A1	900	60.0	3.0	59.94	2.98	0.0067	0.00054
A2	1200	60.0	3.0	59.95	2.98	0.0067	0.00036
B1	900	60.0	3.5	59.95	3.48	0.0058	0.00047
B2	1200	60.0	3.5	59.96	3.49	0.0029	0.00034

续表

试件分组	跨度/mm	名义直径 D/mm	名义壁厚 T/mm	测量直径（平均值）D/mm	测量壁厚（平均值）T/mm	$(D_{max}-D_{min})/D_{max}$	$\delta_o/2L$
B3	1500	60.0	3.5	59.93	3.48	0.0057	0.00030
C2	1200	88.5	4.0	88.42	3.98	0.0050	0.00042
D2	1200	114.0	4.0	113.92	3.98	0.0050	0.00045
E1	900	140.0	4.5	139.91	4.49	0.0022	0.00058
E2	1200	140.0	4.5	139.92	4.48	0.0044	0.00046
F2	1200	165.0	4.5	164.92	4.49	0.0022	0.00041
G2	1200	219.0	6.0	218.94	5.98	0.0033	0.00034

3.1.3　试验现象

　　以楔形锤头跨中冲击为例，通过观察高速摄像机记录的冲击试验过程可发现：伴随冲击能量增加，圆钢管变形逐渐增加，在冲击位置和两侧支承位置处出现塑性铰并形成"三塑性铰"变形机制，冲击能量较大时，因位于支承位置处塑性铰变形曲率过大而发生拉伸断裂失效，如图 3-5 所示。基于试验过程及试件的最终形态，在圆钢管受冲击的过程中可能存在如下四种变形模式。①变形模式Ⅰ：锤头与圆钢管接触初始阶段仅接触位置处发生局部凹陷，圆钢管中心轴线保持不变（图 3-5（b））。②变形模式Ⅱ：在冲击位置处和两侧支承位置处出现塑性铰，圆钢管发生局部凹陷与整体弯曲的耦合变形，塑性铰尺寸逐渐变大，伴随变形量的增大，支承位置处圆钢管下表面发生屈曲（图 3-5（c））。③变形模式Ⅲ：随变形量的增加，支承位置处弯曲曲率增大，圆钢管上表面发生较大的拉伸变形直至径缩、开裂（图 3-5（d））。④变形模式Ⅳ：对于跨中冲击，冲击位置两侧变形较为对称，基本同时开裂，裂缝沿支承边缘向圆钢管下表面延伸，直至一侧发生完全断裂，此时另一侧裂缝已发展至下表面，但仍有较小部分与支承位置内部圆钢管相连接（图 3-5（e））。

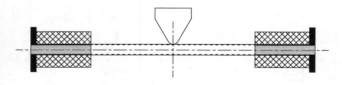

(a) 初始接触（0ms）

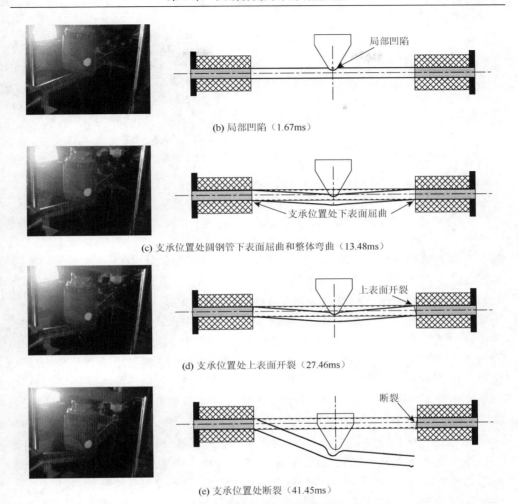

(b) 局部凹陷（1.67ms）

(c) 支承位置处圆钢管下表面屈曲和整体弯曲（13.48ms）

(d) 支承位置处上表面开裂（27.46ms）

(e) 支承位置处断裂（41.45ms）

图 3-5　楔形锤头跨中冲击圆钢管的典型失效过程

　　基于冲击过程中及变形后冲击位置处圆钢管横截面形态，可将圆钢管的位移分为局部凹陷位移 δ、整体位移 δ_D 和总位移 ω，如图 3-6 所示。三种位移之间满足式（3-1）所示的几何关系，故试验中仅需对整体位移 δ_D 和总位移 ω 进行测量即可。本章冲击试验时，通过 LVDT 对冲击位置整体位移 δ_D 进行测量，通过自行设计安装的磁栅尺位移测量系统对总位移 ω 进行测量。试验发现，该测量方式可获得较为精确的试验数据。

$$\delta = \omega - \delta_D \tag{3-1}$$

　　选择 B2 组圆钢管试件典型位移时程曲线、冲击力时程曲线、冲击力-位移曲线和应变时程曲线对圆钢管在侧向冲击下的响应进行阐述，曲线如图 3-7 所示。由图中试件在不同冲击能量下的响应可以看出，相同类型曲线趋势相同。根据

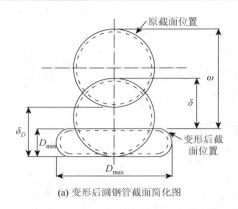 

(a) 变形后圆钢管截面简化图　　　　　　(b) 变形后圆钢管截面实物图

图 3-6　变形后圆钢管冲击位置局部凹陷位移 δ、整体位移 δ_D 和总位移 ω 示意图

图 3-7（b）可以看出，在冲击初期（0～1.5ms），局部凹陷位移 δ 迅速增长，随后整体位移 δ_D 开始出现并很快成为圆钢管总位移 ω 的主要部分；由图 3-7（a）可以看出，局部凹陷位移 δ 和整体位移 δ_D 持续发展至总位移 ω 最大（约 40ms）时，局部凹陷停止且弹性恢复量很小，整体位移也停止增长、发生较大弹性恢复，整体位移的弹性恢复约等于总位移的弹性恢复。由冲击力时程曲线（图 3-7（c））和冲击力-位移曲线（图 3-7（d））可以看出，冲击力在初始接触阶段上升较快，直至总位移达到最大时停止增长，圆钢管弹性恢复冲击力数值下降直至锤头与试件分离时结束。由图 3-7（e）可以看出，跨中冲击时圆钢管响应的对称性很好，对称位置应变发展基本相同；初始时跨中应变 G3 发展较快，随着整体位移的增加，支承位置处应变发展增大并最终超过跨中应变的发展；由于冲击时振动较大，应变片过早脱落而失效（约 10ms 时所有应变片失效）。从圆钢管跨中冲击最终变形形态（图 3-7（f））可以看出，伴随冲击能量的增加，圆钢管形成越来越明显的"三塑性铰"变形机制，直至支承位置处发生拉伸断裂。

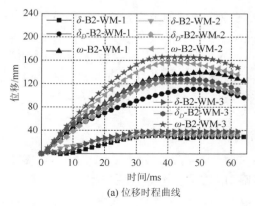 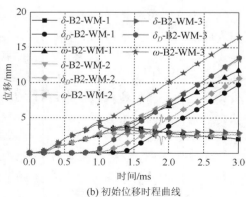

(a) 位移时程曲线　　　　　　　　　　(b) 初始位移时程曲线

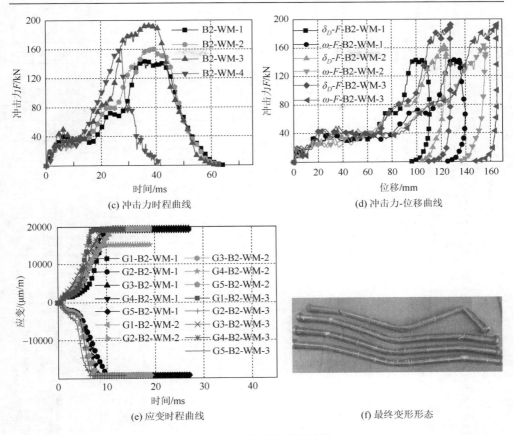

(c) 冲击力时程曲线

(d) 冲击力-位移曲线

(e) 应变时程曲线

(f) 最终变形形态

图 3-7　B2 组试件试验结果

所有试件侧向冲击试验结果如表 3-4 所示。

表 3-4　圆钢管侧向冲击试验结果

试件编号	冲击质量/kg	冲击高度/mm	冲击持时/ms	冲击力峰值/kN	δ/mm	δ_D/mm	ω/mm
A1-WM-1	427.00	25.00	35.16	6.44	1.90	0.30	2.20
A1-WM-2	427.00	51.00	50.83	18.23	5.52	0.08	5.60
A1-WM-3	427.00	300.00	59.32	57.11	17.60	1.80	18.40
A1-WM-4	427.00	700.00	61.82	71.08	21.40	2.14	23.54
A1-WM-5	427.00	1200.00	57.66	90.74	28.88	25.72	54.60
A1-WM-6	427.00	1500.00	62.99	92.62	30.29	57.43	87.72
A1-WM-7	427.00	1700.00	35.33	102.24	31.10	60.84	91.94
A1-WM-8	427.00	2000.00	30.83	104.32	31.48	69.40	100.88
A1-WM-9	427.00	3000.00	22.16	112.26	33.40	69.94	103.34

续表

试件编号	冲击质量/kg	冲击高度/mm	冲击持时/ms	冲击力峰值/kN	δ/mm	δ_D/mm	ω/mm
A1-HM-1	411.25	125.00	28.66	29.43	5.58	0.13	5.71
A1-HM-2	411.25	1600.00	63.66	118.84	24.52	37.58	62.10
A1-HM-3	411.25	1800.00	34.83	141.96	28.92	52.68	81.60
A1-CM-1	406.15	221.00	32.33	—	—	—	—
A1-CM-2	406.15	1400.00	58.32	84.22	14.96	25.34	40.30
A1-CM-3	406.15	1700.00	32.33	89.11	16.16	33.04	49.10
A2-CM-1	406.15	1200.00	54.14	120.06	11.50	33.88	45.38
A2-CM-2	406.15	1400.00	59.40	129.22	14.32	49.08	63.40
A2-CM-3	406.15	1700.00	60.44	131.54	18.60	51.80	69.40
A2-CM-4	406.15	1900.00	65.20	138.22	19.70	52.90	72.60
A2-W3/8-1	427.00	503.40	67.69	64.98	19.21	48.80	68.01
A2-W3/8-2	427.00	754.70	62.46	94.51	24.40	55.56	79.96
A2-W3/8-3	427.00	1006.10	62.15	116.57	31.29	60.65	91.94
A2-W3/8-4	427.00	1508.70	60.24	124.81	39.52	70.38	109.90
A2-WQ-1	427.00	503.40	59.34	62.61	18.83	40.16	58.99
A2-WQ-2	427.00	754.70	—	—	23.38	61.62	85.00
A2-WQ-3	427.00	1250.50	42.62	86.54	30.97	—	—
A2-WQ-4	427.00	754.70	77.46	65.25	24.93	60.11	85.04
A2-WQ-5	427.00	1006.10	76.33	73.13	27.01	71.97	98.98
B1-WM-1	427.00	509.80	56.57	71.91	17.86	38.56	56.42
B1-WM-2	427.00	1012.50	61.52	98.50	24.80	58.31	83.11
B1-WM-3	427.00	1703.70	58.55	122.32	29.84	80.16	110.00
B1-WM-4	427.00	2002.10	58.52	140.95	33.15	79.85	113.00
B2-WM-1	427.00	1703.70	64.65	143.34	29.20	94.78	123.98
B2-WM-2	427.00	2002.10	63.32	163.22	32.11	101.89	134.00
B2-WM-3	427.00	2504.70	63.15	194.08	37.83	107.27	145.10
B2-WM-4	427.00	3007.40	41.45	161.43	39.01	—	—
B3-WM-1	427.00	2002.10	69.83	159.69	33.49	120.51	154.00
B3-WM-2	427.00	2504.70	66.45	189.62	36.18	128.92	165.10
B3-WM-3	427.00	3007.40	—	—	30.96	—	—
B3-WM-4	427.00	2756.10	50.90	178.71	30.44	—	—
B3-WM-5	427.00	2504.70	59.26	159.72	32.03	—	—
B3-WM-6	427.00	2002.10	72.93	157.30	28.65	136.35	165.00
B3-WM-7	427.00	2002.10	73.48	146.56	27.26	118.74	146.00

续表

试件编号	冲击质量/kg	冲击高度/mm	冲击持时/ms	冲击力峰值/kN	δ/mm	δ_D/mm	ω/mm
B3-WM-8	427.00	2250.10	69.36	152.87	30.78	119.22	150.00
C2-WM-1	427.00	2004.80	54.51	132.28	39.47	71.73	111.20
C2-WM-2	427.00	2507.50	56.00	133.32	41.77	80.13	121.90
C2-WM-3	427.00	3010.10	57.49	168.25	44.09	91.91	136.00
C2-WM-4	427.00	3512.80	57.57	174.55	43.02	97.88	140.90
D2-WM-1	427.00	3011.80	48.16	187.76	61.02	59.88	120.90
D2-WM-2	427.00	4001.50	56.08	185.66	65.38	78.62	144.00
D2-WM-3	427.00	5006.70	61.19	195.18	74.92	84.98	159.90
D2-WM-4	427.00	6027.50	53.72	196.59	84.56	—	—
E1-WM-1	607.00	4157.10	45.35	311.76	91.62	33.38	125.00
E1-WM-2	607.00	6010.80	47.04	361.66	110.28	49.72	160.00
E1-WM-3	817.00	3089.10	49.26	305.17	91.66	12.44	104.10
E1-WM-4	817.00	4377.10	64.21	310.97	103.64	54.26	157.90
E1-WM-5	817.00	1518.30	46.21	224.62	69.80	10.23	80.03
E1-CM-1	803.15	1571.20	36.05	168.46	65.26	7.71	72.97
E1-CM-2	803.15	3141.90	40.82	211.25	88.82	8.14	96.96
E1-CM-3	803.15	4461.40	53.71	231.45	97.16	11.76	108.92
E1-HM-1	808.25	1536.90	45.16	141.26	66.28	73.42	139.70
E1-HM-2	808.25	3060.60	50.59	195.47	92.84	52.06	144.90
E1-HM-3	808.25	4427.10	57.58	216.77	103.76	46.24	150.00
E2-WM-1	427.00	3010.60	41.45	204.23	65.16	31.69	96.85
E2-WM-2	427.00	6010.80	42.42	271.78	85.58	62.42	148.00
E2-WM-3	607.00	4157.10	49.96	287.60	86.86	47.24	134.10
E2-WM-4	607.00	6010.80	49.73	336.86	96.24	74.76	171.00
F2-WM-1	817.00	3103.00	53.16	257.39	108.32	27.68	136.00
F2-WM-2	817.00	4391.30	57.93	317.23	126.28	42.62	168.90
F2-WM-3	1027.00	5000.30	73.80	423.86	138.37	80.63	219.00
G2-WM-1	1027.00	3425.20	45.15	317.03	103.61	40.39	144.00
G2-WM-2	1027.00	5013.70	44.65	367.54	124.87	25.03	149.90
G2-WM-3	1027.00	8500.90	49.88	490.29	163.26	56.84	220.10

3.1.4　塑性铰和失效模式

由圆钢管受冲击后的变形形态可以发现，圆钢管形成较为明显的"三塑性铰"

变形机制，支承位置处形成的塑性铰形式较为接近，而冲击接触位置形成的塑性铰受冲击物形状（图 3-8（a））、圆钢管截面尺寸（图 3-8（b））等因素影响较大。

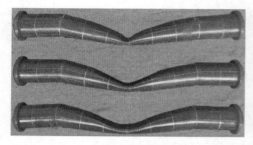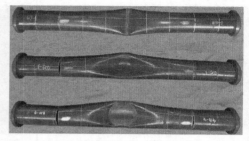

(a) 冲击物形状的影响（由上至下依次为楔形、半球形和圆柱形锤头冲击）

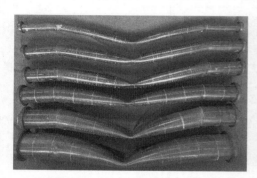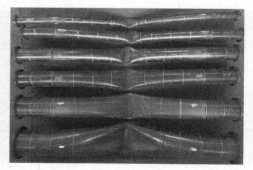

(b) 圆钢管截面尺寸的影响（由上至下依次为B2组、C2组、D2组、E2组、F2组、G2组试件受楔形锤头冲击）

图 3-8　圆钢管冲击位置处塑性铰的影响因素

　　圆钢管的失效模式受冲击能量的影响较大。伴随冲击能量的增加，钢管存在以下四种失效模式。①失效模式Ⅰ：局部凹陷，在冲击能量较小时，圆钢管冲击位置处发生局部凹陷，而圆钢管轴线不发生变形。②失效模式Ⅱ：支承位置下表面屈曲，冲击能量增大时，圆钢管发生局部凹陷和整体弯曲耦合，在两侧支承位置处圆钢管下表面受压力作用产生屈曲变形。③失效模式Ⅲ：支承位置上表面开裂和下表面屈曲，随变形继续增大，支承位置圆钢管上表面达到极限拉伸应变而开裂。④失效模式Ⅳ：试件断裂，一侧支承位置处裂缝沿支承约束逐渐延伸至下表面而断裂分离，一侧支承仅有部分与支承约束内的钢管连接。四种失效模式如图 3-9 所示。

3.1.5　试验结果分析

　　圆钢管在侧向冲击荷载下的动力响应主要受圆钢管截面、长细比、冲击高度（冲击能量）、冲击动量、冲击物形状和冲击位置等 6 种因素的影响。本节就

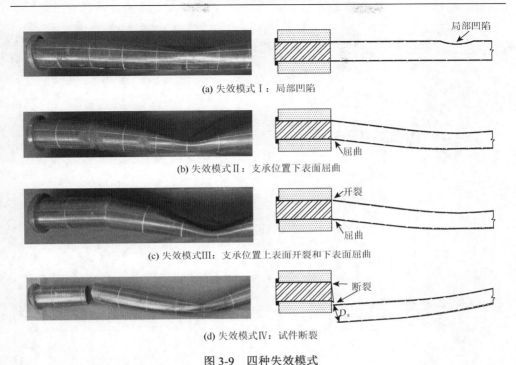

(a) 失效模式Ⅰ：局部凹陷

(b) 失效模式Ⅱ：支承位置下表面屈曲

(c) 失效模式Ⅲ：支承位置上表面开裂和下表面屈曲

(d) 失效模式Ⅳ：试件断裂

图 3-9　四种失效模式

6 种因素影响下的圆钢管位移时程响应和冲击力-位移响应进行讨论，分析圆钢管在侧向冲击荷载作用下动力响应的敏感因素。

1. 圆钢管截面的影响

圆钢管截面的不同主要体现为径厚比（D/T）和长径比（L/D）的差异，伴随圆钢管截面的增加，其径厚比增大，长径比减小。为分析圆钢管截面的影响，选用两种工况进行分析，试件均采用楔形锤头进行跨中冲击，具体工况如表 3-5 所示，总位移时程响应和冲击力-位移响应如图 3-10 所示。

表 3-5　圆钢管截面影响分析工况

工况	试件编号	冲击质量/kg	冲击高度/mm	冲击能量/kJ	影响因素		动力响应		
					D/T	L/D	T_d/ms	ω/mm	F_{max}/kN
1	B2-WM-2	427.00	2002.10	8.38	17.14	15.00	63.32	134.00	163.22
	C2-WM-1		2004.80	8.39	23.13	13.56	54.51	111.20	132.28
2	C2-WM-3	427.00	3010.10	12.60	23.13	13.56	57.49	136.00	168.25
	D2-WM-1		3011.80	12.60	28.50	10.53	48.16	120.90	187.76
	E2-WM-1		3010.60	12.60	31.11	8.57	41.45	96.85	204.23

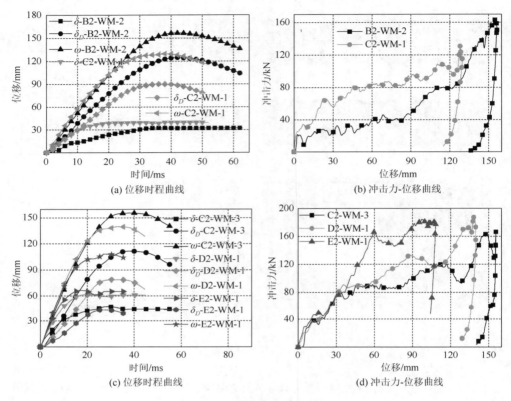

图 3-10　圆钢管截面的影响

由表 3-5 可得到，随圆钢管截面的增加（跨度均为 1200mm），圆钢管试件刚度逐渐增加，导致冲击接触时长（T_d）和总位移下降，同时冲击力略有改变。圆钢管在相同约束和冲击工况下，位移响应、冲击力响应趋势基本相同（图 3-10），圆钢管截面的改变导致了其动态响应数值的改变。可得出冲击接触时长、总位移与圆钢管相对刚度呈负相关关系，以及冲击力峰值（F_{max}）与圆钢管相对刚度呈正相关关系的结论。

2. 圆钢管长细比的影响

相同截面的圆钢管试件在约束形式相同的情况下，随跨度的增加，圆钢管长细比 λ 逐渐增大，相对刚度降低。本节选用截面为 60mm×3.5mm 和 140mm×4.5mm 的圆钢管在不同跨度下的冲击响应进行分析，具体工况如表 3-6 所示，总位移时程响应和冲击力-位移响应如图 3-11 所示。

表 3-6　圆钢管长细比影响分析工况

工况	试件编号	D/T	冲击质量/kg	冲击高度/mm	冲击能量/kJ	影响因素		动力响应	
						λ	T_d/ms	ω/mm	F_{max}/kN
1	B1-WM-4	17.14	427.00	2002.10	8.38	45.00	58.52	113.00	140.95
	B2-WM-2					60.00	63.32	134.00	163.22
	B3-WM-1					75.00	69.83	154.00	159.69
2	E1-WM-1	31.11	607.00	4157.10	24.73	18.78	45.35	125.00	311.76
	E2-WM-3					25.04	49.96	134.10	287.60

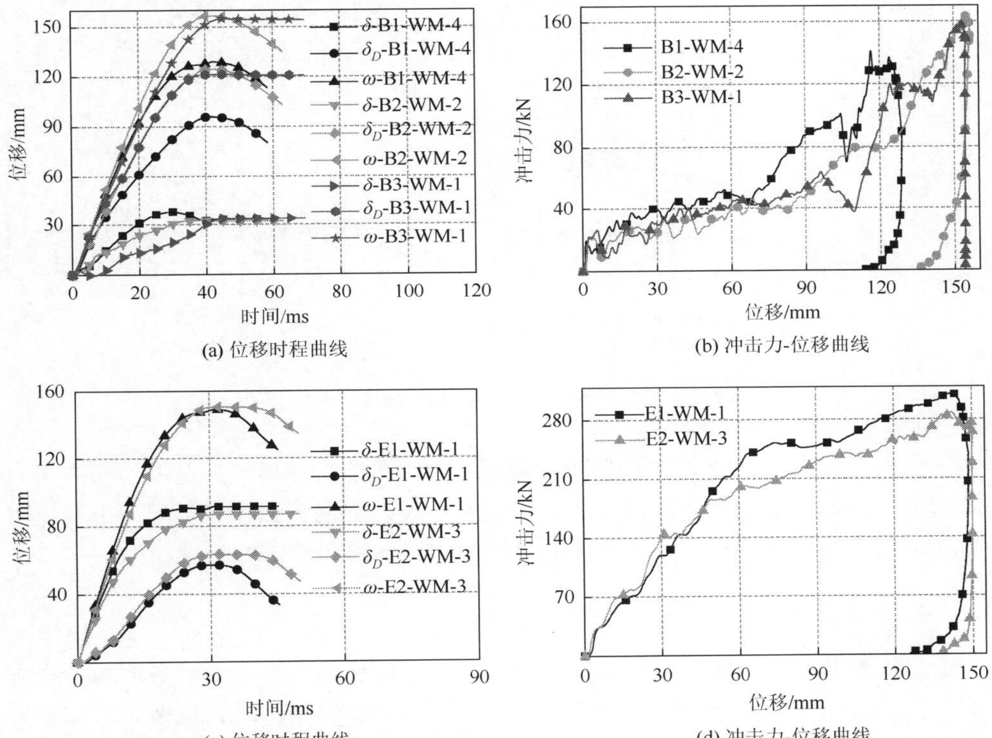

(a) 位移时程曲线

(b) 冲击力-位移曲线

(c) 位移时程曲线

(d) 冲击力-位移曲线

图 3-11　圆钢管长细比的影响

　　长细比的改变直接影响圆钢管侧向刚度，其在冲击动态响应中的影响与改变圆钢管截面相反，即伴随长细比的增加，冲击接触时长和总位移逐渐增加，对冲击力峰值的影响不大。

3. 冲击高度的影响

　　在保证冲击物质量不变的情况下，增加冲击高度，冲击能量随之增加。选择截面尺寸为 60mm×3.5mm、跨度为 1200mm 的圆钢管进行分析，具体工况及动力响应如表 3-7 和图 3-12 所示。

表 3-7　冲击高度影响分析工况

试件编号	D/T	λ	冲击质量/kg	影响因素		动力响应		
				冲击高度/mm	冲击能量/kJ	T_d/ms	ω/mm	F_{max}/kN
B2-WM-1				1703.70	7.13	64.65	123.98	143.34
B2-WM-2	17.14	60.00	427.00	2002.10	8.38	63.32	134.00	163.22
B2-WM-3				2504.70	10.48	63.15	145.10	194.08

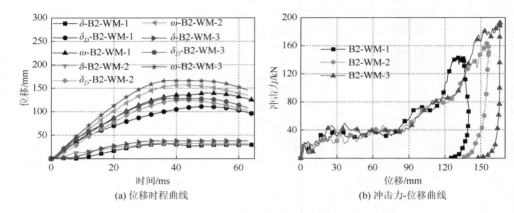

(a) 位移时程曲线　　　　　　　　　(b) 冲击力-位移曲线

图 3-12　冲击高度的影响

由表 3-7 及图 3-12 可知，伴随冲击高度和冲击能量的增加，总位移和冲击力得到较为明显的增加，而冲击接触时长改变不大；圆钢管试件在不同冲击能量下的动力响应趋势保持一致，随冲击能量的增加，位移和冲击力响应加大。

4. 冲击动量的影响

对相同截面、相同长细比的试件，当冲击能量相同而冲击物质量和冲击高度不同，即冲击动量不同时，圆钢管试件的动力响应也不相同。本节选用截面为 140mm×4.5mm、跨度为 900mm 和 1200mm 两种工况进行分析，分析工况及结果分别如表 3-8 及图 3-13 所示。

表 3-8　冲击动量影响分析工况

工况	试件编号	D/T	λ	冲击能量/kJ	影响因素		动力响应		
					冲击质量/kg	冲击动量/(kg·m/s)	T_d/ms	ω/mm	F_{max}/kN
1	E1-WM-1	31.11	18.78	24.73	607.00	5479.13	45.35	125.00	311.76
	E1-WM-3				817.00	6357.20	49.26	104.10	305.17
2	E2-WM-2	31.11	25.04	24.73	427.00	4634.70	42.42	148.00	271.78
	E2-WM-3				607.00	5479.13	49.96	134.10	287.60

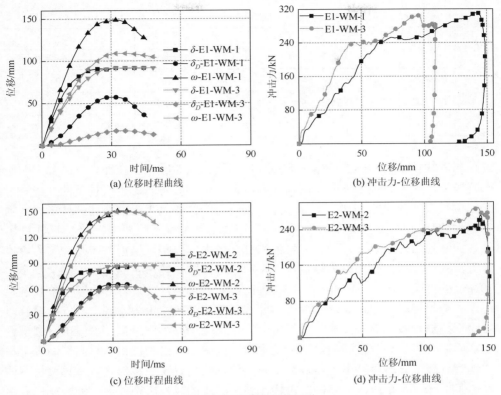

图 3-13　冲击动量的影响

由试验结果得到如下结论：在相同冲击能量下，冲击动量越大（冲击质量越大），冲击接触时长越长，总位移越小；冲击力峰值对冲击动量不敏感，在冲击能量相同时，随冲击动量的变化而改变得较少。

5. 冲击物形状的影响

为模拟不同形状冲击物造成的冲击动力响应，采用了三种形状锤头进行了圆钢管跨中冲击。需说明的是，由于冲击锤头形状不同，其质量存在较小的差别。选用截面为 140mm×4.5mm、跨度为 900mm 的圆钢管进行分析，具体分析工况如表 3-9 所示。

表 3-9　冲击物形状影响分析工况

工况	试件编号	D/T	λ	冲击高度/mm	影响因素			动力响应		
					冲击质量/kg	冲击物形状		T_d/ms	ω/mm	F_{max}/kN
1	E1-WM-5	31.11	18.78	1518.30	817.00	楔形		46.21	80.03	224.62
	E1-HM-1			1536.90	808.25	半球形		45.16	139.70	141.26
	E1-CM-1			1571.20	803.15	圆柱形		36.05	72.97	168.46

续表

工况	试件编号	D/T	λ	冲击高度/mm	影响因素		动力响应		
					冲击质量/kg	冲击物形状	T_d/ms	ω/mm	F_{max}/kN
2	E1-WM-3	31.11	18.78	3089.10	817.00	楔形	49.26	104.10	305.17
	E1-HM-2			3060.60	808.25	半球形	50.59	144.90	195.47
	E1-CM-2			3141.90	803.15	圆柱形	40.82	96.96	211.25

相同的试件在相同的冲击工况下，冲击物形状对圆钢管在冲击下的动力响应影响较大，主要表现如下：①由图 3-14（a）和（d）可看出，三种不同冲击物引起的位移有着较大的差别，半球形冲击物引起的位移远大于楔形和圆柱形冲击物引起的位移。②由图 3-14（b）和（e）可看出，三种不同冲击物冲击下冲击力-位移曲线趋势差别较大，冲击力峰值也存在较大的差距，楔形冲击物冲击力峰值最大，圆柱形冲击物冲击力峰值次之，而半球形冲击物产生的冲击力峰值最小。③通过分析图 3-14（c）和（f）冲击力时程曲线可将冲击过程分为三个阶段：阶段 I，初始接触阶段，该阶段冲击力曲线斜率最大，冲击力急剧上升；阶段 II，圆钢管变形阶段，该阶段冲击力缓慢上升，直至位移达到最大；阶段 III，圆钢管变形回弹阶段，该阶段圆钢管变形发生弹性回弹，冲击物往相反方向运动直至与圆钢管分离，该阶段冲击力值逐渐下降至零。圆钢管在三种形状冲击物撞击下均经历了上述三个阶段，但不同冲击物在各个阶段的时长区别较大，如半球形冲击物阶段 II 持时最长。

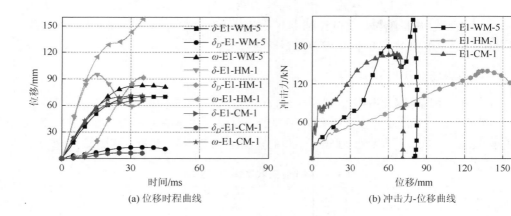

(a) 位移时程曲线　　　　　　　　　　(b) 冲击力-位移曲线

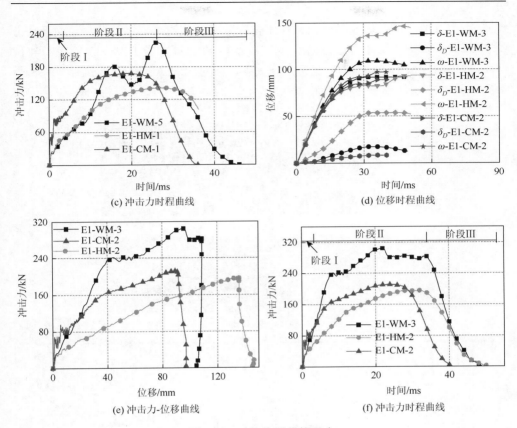

(c) 冲击力时程曲线　　　　　　(d) 位移时程曲线

(e) 冲击力-位移曲线　　　　　　(f) 冲击力时程曲线

图 3-14　冲击物形状的影响

6. 冲击位置的影响

冲击位置对圆钢管的动力响应影响也很大，本节选择截面为 60mm×3mm、跨度为 1200mm 的圆钢管在楔形锤头冲击下的动力响应进行分析，具体工况及动力响应见表 3-10。

表 3-10　冲击位置影响分析工况

工况	试件编号	D/T	λ	冲击高度/mm	冲击质量/kg	影响因素 冲击位置	动力响应		
							T_d/ms	ω/mm	F_{max}/kN
1	A2-W3/8-1	18.75	59.46	503.40	427.00	3/8 跨	67.69	68.01	64.98
	A2-WQ-1					1/4 跨	59.34	58.99	62.61
2	A2-W3/8-2	18.75	59.46	754.70	427.00	3/8 跨	62.46	79.96	94.51
	A2-WQ-4					1/4 跨	77.46	85.04	65.25

　　由表 3-10 和图 3-15 可看出，冲击位置距离支座约束位置越近，圆钢管动力响应越大，圆钢管抗冲击能力越差。如工况 2，在相同冲击工况下，A2-WQ-4 试件（冲击力峰值为 65.25kN）已经开裂失效，而对应的 A2-W3/8-2 试件（冲击力峰值为 94.51kN）仅发生非弹性大变形。

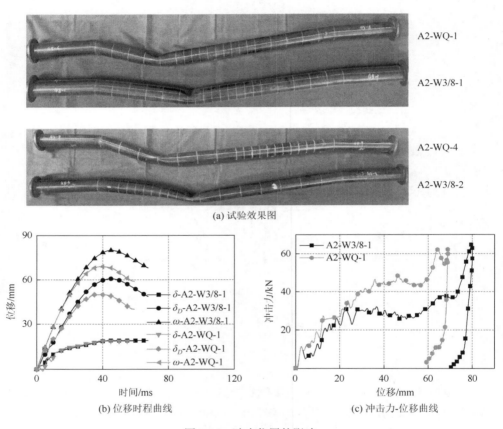

(a) 试验效果图

(b) 位移时程曲线

(c) 冲击力-位移曲线

图 3-15　冲击位置的影响

3.2　轴力作用下圆钢管侧向冲击试验

　　很多学者开展了轴向荷载作用下圆钢管受侧向冲击荷载的研究，例如，Wierzbicki 和 Suh（1988）基于理论分析研究了圆钢管在侧向荷载、轴向荷载和弯矩耦合作用下的响应，该研究证明了圆钢管的侧向承载力与约束形式相关，且轴向荷载对圆钢管的侧向承载力有较大的影响；Zeinoddini 等（2008，2002，1999，1998）对轴压作用下海洋平台用圆钢管的研究较为系统，包括理论研究、有限元分析和轴压作用下的冲击试验，其研究结论证明了轴压对圆钢管在侧向冲击下的承载能力和吸能能力有显著的影响。同时，也有一些文献是对输油输气管线用圆钢管在内部压力作用下的侧向冲击所进行的研究（Jones and Birch，2010；Chen and Shen，1998）。

但由于冲击试验难度较大，现有的研究多采用理论分析（Jones，2011）、有限元分析（Khedmati and Nazari，2012；Al-Thairy and Wang，2011，2010；Brooker，2004）和准静态试验（Eyvazinejad and Showkati，2013）的技术手段，对于圆钢管在考虑轴力作用下的侧向冲击试验的研究较为稀少（Zeinoddini et al.，2002；Allan and Marshall，1992），其原因主要为当圆钢管承受侧向冲击荷载时，圆钢管轴向缩短，施加的轴力会瞬间消失。因此必须设计较为先进的轴力加载装置进行轴力的瞬时补偿来保证在冲击过程中圆钢管维持轴力的作用。对于网架、网壳、管桁架等钢结构中的圆钢管，结构中的轴力构件承受正常的工作荷载、温度荷载，多处于轴向受压或轴向受拉状态，因此，研究轴力作用下的钢管抗冲击性能更有实际意义和应用价值。针对上述工况，本书开展了圆钢管在轴向拉力和轴向压力作用下的侧向落锤冲击试验，考察轴力对构件抗冲击性能的影响。

3.2.1　试验概况

试验装置仍采用哈尔滨工业大学土木工程学院的重力式落锤冲击试验系统。为实现圆钢管在轴力作用下的侧向冲击，设计了相应的轴力加载装置（即液压千斤顶）、支承平台（即刚性平台和刚性支承）和夹持系统，试验现场整体布置如图 3-16 所示。圆钢管一侧通过端部焊接的连接法兰（15mm 厚圆环）与力传感器相连，另一侧焊接端板与夹持系统（轴拉作用时）或挡板（轴压作用时）实现圆钢管轴向位移约束。夹持系统与进行两端固支圆钢管侧向冲击试验的装置相同，由上下两部分组成

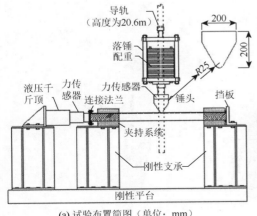

(a) 试验布置简图（单位：mm）　　　　　(b) 试验现场图

图 3-16　试验装置及现场布置

（图 3-3）。为保证圆钢管轴力的施加，靠近加力端的夹持装置上下部分的固定螺栓适当拧紧，使圆钢管既可在夹持装置内部轴向滑动，又可约束圆钢管竖直方向的位移；将圆钢管放置在夹持装置中后，在圆钢管两端塞进直径小于圆钢管内径（1.5mm）的钢塞，随后拧紧另一侧夹持装置的螺栓；圆钢管一端的约束形式近似为滑动约束，另一侧近似为固定约束。冲击物选用楔形锤头，锤头选用 45 号钢制作，表面经过热处理提高其表面硬度；为防止锤头切削试件，其端部进行倒圆角处理（图 3-16（a））。数据采集方式与 3.1 节基本相同，详见图 3-16。

3.2.2　轴力加载装置

与进行准静态加载不同，进行该项试验时为保证圆钢管处于轴向压力荷载作用下存在较大的难度，主要原因为圆钢管在侧向力作用下会瞬间缩短，而施加轴力的设备会由于圆钢管的轴向缩短而瞬时卸载。针对该项试验技术最先开展的研究见于 1992 年英国健康与安全执行局（Health and Safety Executive，HSE）的技术报告（Allan and Marshall，1992）。Allan 和 Marshall 设计了图 3-17（a）所示的装置，该装置作用原理类似于剪刀（scissors），液压千斤顶施加的轴力通过两钢柱作用在试件两端。但该技术报告的最终结论为轴力作用对圆钢管在侧向冲击下的承载力基本无影响，分析其原因为该试验装置施加的轴力在冲击发生、试件缩短的一瞬间消失了。直至 Zeinoddini 等（2002）在其开展的轴压作用下圆钢管侧向冲击试验研究中设计的装置较好地解决了该项试验技术难题。由图 3-17（b）可看出，该装置在

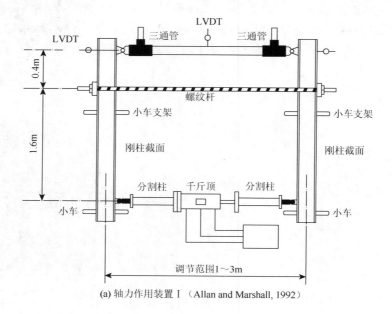

(a) 轴力作用装置 I （Allan and Marshall, 1992）

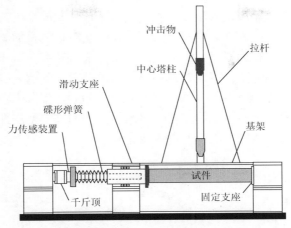

(b) 轴力作用装置Ⅱ（Zeinoddini et al., 2002）

图 3-17　轴力作用下圆钢管侧向冲击试验装置

圆钢管试件与千斤顶之间加入了碟形弹簧以在冲击试验过程中进行轴力损失补偿，其试验结论也表明轴力对圆钢管侧向抗冲击承载力具有较大的影响。

　　针对本书将进行的试验，支旭东等（2018）设计了一种新型的试验装置，其可对侧向冲击试件施加轴向拉力和轴向压力，具体试验布置见图 3-16。与 Zeinoddini 等（2002）设计的装置相比，本设计采用囊式蓄能器代替碟形弹簧进行轴向压力的损失补偿。该试验的难点在于轴向压力的瞬时补偿（轴向拉力不存在因圆钢管试件的缩短而卸载的现象），通过将囊式蓄能器与液压千斤顶和液压油泵相连可较好地解决该问题，囊式蓄能器和液压油泵如图 3-18 所示。

(a) 囊式蓄能器

(b) 液压油泵

图 3-18　轴力作用补偿装置

在常规准静态试验中进行轴力加载的液压千斤顶一般采用液压油进行驱动，而由于液压油是不可压缩液体，利用液压油是无法蓄积能量的。囊式蓄能器是一种利用惰性气体（一般为氮气）的可压缩性质把液压储存在耐压容器里，待需要时又将其释放出来的能量储存装置，通过能量的储存和释放来提供相对恒定的液压油源，其工作原理如图 3-19 所示（胡小华，1993），本书不再赘述。这种囊式蓄能器具有惯性小、反应灵敏和安全可靠的优点，通过调整皮囊内氮气压力的大小可适用不同轴力的施加，具有一定的普适性。

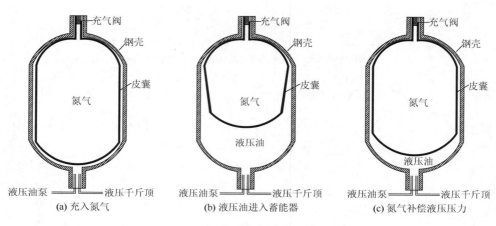

图 3-19　囊式蓄能器工作原理

3.2.3　试件设计及加工

与 3.1 节相同，圆钢管试件选用建筑钢结构常用的 Q235B 直缝焊管，考虑到轴力的施加，圆钢管侧向冲击试验的约束形式近似为一侧滑动、另一侧固定，同时保证试件净跨度相对于冲击位置对称，试件整体布置如图 3-20 所示。试件的加工长度由试件净跨度 $2L$、夹持长度 L_C 和焊接端板长度 L_R 构成，加工长度为 1805mm，净跨度均为 1200mm。在试件两侧焊接环形端板后，对试件表面进行打磨除锈、粘贴应变片。应变片（合计 5 个）布置于两侧约束位置上下表面和冲击位置下表面三个应力较大位置，用来监测轴力的施加和冲击过程中应力应变的发展（图 3-20（a））。试验过程中，保持落锤质量（427kg）和冲击锤头形状不变，通过改变落锤释放高度调整冲击能量（图 3-20（b））。选用截面为 60mm×3.5mm 和 114mm×4.0mm 两种直缝焊管作为试件进行轴拉、无轴力和轴压三种工况的侧向冲击试验。根据《金属材料 拉伸试验 第 1 部分：室温试验方法》（GB/T 228.1—2010）中的规定，在两种圆钢管上取标准材性试件进行室温准静态拉伸试验，每种截面规格钢管取 3 个标准试件，得到钢管的工程屈服应力、极限拉伸强度和极限拉伸应变数据，见表 3-11。

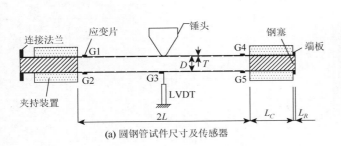

(a) 圆钢管试件尺寸及传感器　　　　　　　(b) 落锤及轴力装置

图 3-20　试件及现场安装图

表 3-11　圆钢管试件材性

试件分组	截面尺寸（mm×mm）	D/T	$2L/D$	λ	σ_y /MPa	σ_u /MPa	ε_u	E/GPa
A	60×3.5	17.1	20.0	60.0	275	335	0.26	205
B	114×4.0	28.5	10.5	30.8	270	320	0.28	208

　　每种截面的试件进行了 12 组工况的冲击试验，根据试件截面尺寸、轴力状态进行了试件编号（图 3-21）。施加轴力的数值主要通过轴压（拉）比进行控制，其中轴压（拉）比通过轴力 P_0 与圆钢管轴向承载力 P_y（$P_y = \pi DT\sigma_y$，其中 A 组截面试件 $P_y = 170.84$kN，B 组截面试件 $P_y = 373.22$kN）的比值进行确定，具体试验工况见表 3-12。

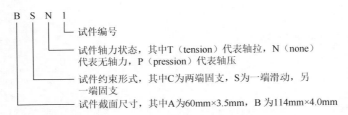

图 3-21　圆钢管试件编号说明

表 3-12　轴力作用下圆钢管侧向冲击工况

试件编号	提升高度/mm	冲击能量/kJ	冲击速度/(m/s)	P_o（拉为正，压为负）	$|P_\mathrm{o}/P_\mathrm{y}|$
AST1	2500.70	10.46	7.00	85.42	0.50
AST2	2250.12	9.42	6.64	22.76	0.13
AST3	2000.12	8.37	6.26	87.59	0.51
AST4	1500.08	6.28	5.42	65.27	0.38
AST5	1500.08	6.28	5.42	96.33	0.56
ASN1	2000.12	8.37	6.26	0	0
ASN2	2000.12	8.37	6.26	0	0
ASN3	1500.08	6.28	5.42	0	0
ASP1	1500.00	6.28	5.42	−37.10	0.22
ASP2	1500.00	6.28	5.42	−60.13	0.35
ASP3	1500.00	6.28	5.42	−81.80	0.48
ASP4	1500.00	6.28	5.42	−118.89	0.70
BST1	4000.57	16.74	8.86	95.82	0.26
BST2	4000.57	16.74	8.86	155.95	0.42
BST3	4000.57	16.74	8.86	191.57	0.51
BSN1	3501.80	14.65	8.28	0	0
BSN2	4000.57	16.74	8.86	0	0
BSN3	5000.21	20.92	9.90	0	0
BSP1	4502.11	18.84	9.39	−45.72	0.12
BSP2	4502.11	18.84	9.39	−72.62	0.19
BSP3	4502.11	18.84	9.39	−90.27	0.24
BSP4	4502.11	18.84	9.39	−119.94	0.32
BSP5	4502.11	18.84	9.39	−142.77	0.38
BSP6	4502.11	18.84	9.39	−207.94	0.56

3.2.4　试验加载过程和现象

1. 典型冲击试验过程

　　轴力作用下圆钢管侧向冲击试验采用重力式落锤冲击试验系统，圆钢管一侧近似为滑动约束，另一侧近似为固定约束。试验共分为轴拉力作用、无轴力作用和轴压力作用三种不同的形式，通过改变轴拉（压）比的大小对试验过程中初始施加的轴力进行控制。冲击试验前，根据轴拉（压）比确定的轴力施加轴向力，待轴力稳定后提升落锤至指定高度，随后触发相应采集仪器和传感器进入工作状态并释放落锤，试验前后试件如图 3-22 所示。

　　　(a) 试验前试件安装　　　　　　　　　　(b) 试验后试件形态

图 3-22　圆钢管试件现场试验图

　　试件变形后均形成了典型的"三塑性铰"变形机制；冲击能量较大时，在支承位置处圆钢管上表面发生拉伸开裂或截面整体断裂而失效。以试件 BSP3 为例，基于高速摄像视频对轴力作用于圆钢管的侧向冲击过程进行具体阐述。从落锤与圆钢管接触至局部凹陷形成约经历了 4ms（图 3-23（a）），随后试件发生局部凹陷与整体弯曲耦合变形（图 3-23（b）），圆钢管产生较大的位移；伴随变形的继续增大，圆钢管约束位置下表面屈曲（图 3-23（c）），至 30ms 时圆钢管约束位置上表面依次出现径缩、开裂现象（图 3-23（d））；裂缝逐渐沿约束边缘向下延伸，落锤逐渐运动至最低点（图 3-23（e））后开始反弹，至锤头与试件分离（图 3-23（f）），冲击试验结束；试件最终变形为典型的"三塑性铰"变形形状（图 3-23（g））。

　　(a) 局部凹陷 （4ms）　　　　(b) 局部凹陷与整体弯曲　　　　(c) 约束位置下表面屈曲

(d) 约束位置上表面开裂　　(e) 最大位移处开始反弹　　(f) 锤头与试件分离

(g) 试件最终形状

图 3-23　轴力作用试件典型冲击试验过程（BSP3）

2. 应变响应过程

轴力作用下圆钢管侧向冲击试验的应变响应分为轴力施加阶段和冲击过程阶段两部分。图 3-24（a）为轴拉力施加过程应变曲线，图 3-24（b）为轴压力施加过程应变曲线，可以看出不同位置应变数值基本相同，代表轴力施加满足需求。图 3-25 为冲击过程中不同位置处应变响应，可以看出约束形式对圆钢管应变响应影响非常大，而轴力的影响较小。图 3-25（a）、（c）和（d）分别为轴力为 0，轴力为拉力和轴力为压力三种状态的应变响应，其趋势基本一致，同图 3-25（b）相比，非常明显的差别在于冲击试验后期位于约束位置下表面的应变有明显的反向现象，即压应变逐渐减小，甚至变为拉应变状态，如图 3-25（a）和（c）中的 G2 应变。分析原因为：约束

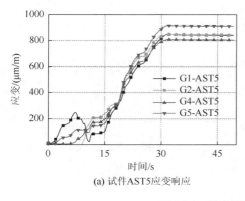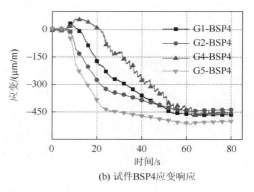

(a) 试件AST5应变响应　　　　　　(b) 试件BSP4应变响应

图 3-24　轴力施加过程的应变响应

形式为一端滑动时，圆钢管会出现较大的变形，圆钢管约束位置下表面先因为受压而屈曲，随后由于圆钢管轴向的缩短而发生应力状态的转换。

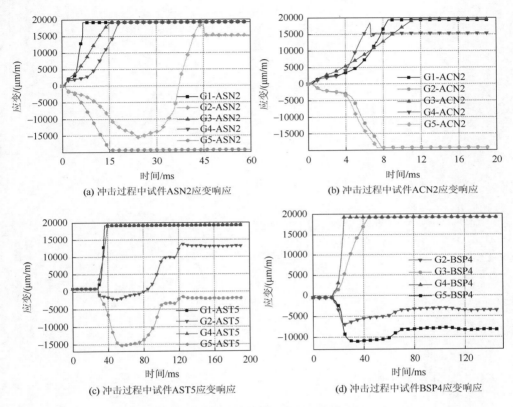

(a) 冲击过程中试件ASN2应变响应　　　(b) 冲击过程中试件ACN2应变响应

(c) 冲击过程中试件AST5应变响应　　　(d) 冲击过程中试件BSP4应变响应

图 3-25　冲击过程中试件的应变响应

3. 冲击力和位移响应过程

图 3-26 为 A 组试件在冲击下的典型动力响应图，可以看出不同轴力状态和约束形式试件的位移响应趋势基本一致（图 3-26（a）），而轴力状态和约束形式对圆钢管的冲击力响应影响非常大。由图 3-26（b）可以看出，在约束形式为一端滑动、另一端固支时，圆钢管冲击力随轴力状态由压力变为零，再变为拉力时而逐渐增大，而冲击持时则逐渐缩短；当约束形式为两端固支时，试件的冲击力远大于约束形式为一端滑动、另一端固支的试件冲击力。图 3-26（c）为试件冲击力-位移响应曲线，其曲线包络的面积代表圆钢管吸能能力，可看出两端固支状态的圆钢管可吸收更多的能量。

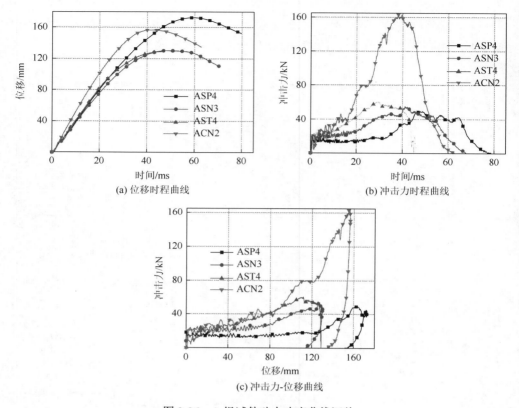

(a) 位移时程曲线

(b) 冲击力时程曲线

(c) 冲击力-位移曲线

图 3-26　A 组试件动力响应曲线汇总

4. 失效模式及塑性铰

圆钢管的失效模式主要受约束形式、轴力状态和冲击能量三个因素的影响。伴随冲击能量和轴力状态的改变,轴力作用下圆钢管主要存在以下三种失效模式。①失效模式Ⅰ:支承位置处下表面屈曲(图 3-27(a)),发生该种失效模式时圆钢管发生局部凹陷和整体弯曲耦合,在两侧支承位置处,圆钢管下表面受压力作用产生屈曲变形。②失效模式Ⅱ:支承位置处上表面开裂和下表面屈曲(图 3-27(b)),随变形继续增大,支承位置圆钢管上表面达到极限拉伸应变而开裂,支承位置处圆钢管下表面屈曲变形增大。③失效模式Ⅲ:试件断裂(图 3-27(c)),当冲击能量较大时,圆钢管一侧支承位置处裂缝沿支承约束边缘逐渐延伸至下表面而断裂分离,另一侧支承位置处圆钢管发生较大的开裂。

冲击试验结束后,每个试件在冲击位置和两侧支承位置处出现塑性铰并形成"三塑性铰"变形机制。由图 3-28(a)可以看出,试件中出现三种形式的塑性铰:塑性铰Ⅰ位于滑动约束支承位置处,在冲击过程中由于试件沿轴线方向缩短,塑性铰的尺寸和形态由初始出现位置向支承方向和跨中方向扩展；塑性铰Ⅱ位于冲击位置处，随试件的变形该塑性铰逐渐向两侧发展，但该塑性铰由于试件变形的不对称性，最终形状也为非对称的；塑性铰Ⅲ出现在固定约束处，与其他两类塑性铰不同，该塑性铰由初始形成位置只向跨中位置扩展，同时多数试件因位于固定约束支承位置处塑性铰变形曲率过大而发生开裂乃至拉伸断裂失效。最终形成的"三塑性铰"变形形态如图 3-28（b）所示，伴随冲击能量或轴压力的增加，塑性铰的几何尺寸增大；但与两端固支圆钢管最终形态不同，该试验形成的形态相对于冲击位置为不对称结构。

(a) 失效模式Ⅰ：支承位置处下表面屈曲

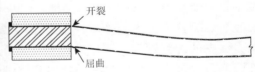

(b) 失效模式Ⅱ：支承位置处上表面开裂和下表面屈曲

(c) 失效模式Ⅲ：试件断裂

图 3-27　三种失效模式

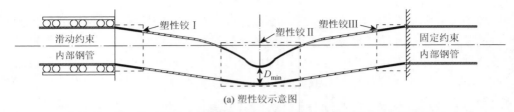

(a) 塑性铰示意图

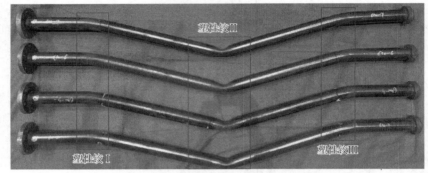

(b) 塑性铰实物图（由上至下塑性铰尺寸增大）

图 3-28　三种形式的塑性铰

3.2.5　轴力作用机理分析

轴力作用下圆钢管侧向冲击的约束形式为一侧滑动约束、另一侧固定约束，而在轴力方向及力值大小不同的工况下，圆钢管响应有着较为明显的不同，圆钢管的变形及轴力作用机理如图 3-29 所示。整个冲击过程中，在初始接触阶段、圆钢管未发生变形时，轴力作用线与原轴线 O_0 重合，在该过程中不同轴力状态的圆钢管侧向冲击力相差不大，此时轴力的影响较小；圆钢管发生局部凹陷后，圆钢管轴线 O_0 不再为直线，在冲击位置处随圆钢管截面的变形而下移，此时轴力作用线与原轴线 O_1 存在一定偏心距离 Δ（图 3-29（b）），产生 P_0-Δ 二阶效应；在 P_0-Δ 二阶效应作用下，轴向拉力有效地提高了圆钢管抵抗侧向变形的能力，而轴压力使圆钢管更易发生侧向变形；当发生局部凹陷与整体弯曲变形耦合至最大变形时，P_0-Δ 二阶效应影响更大；随着侧向变形的增大，圆钢管轴向缩短量增大。

1. 轴拉力的影响

选用轴拉力作用下截面为 114mm×4.0mm 圆钢管进行阐述。本组分析工况中，保持落锤冲击质量（427kg）和冲击速度（8.86m/s）恒定，改变轴拉力大小进行侧向冲击，具体工况及试件的动力响应如表 3-13 所示。伴随轴拉力的增加，冲击

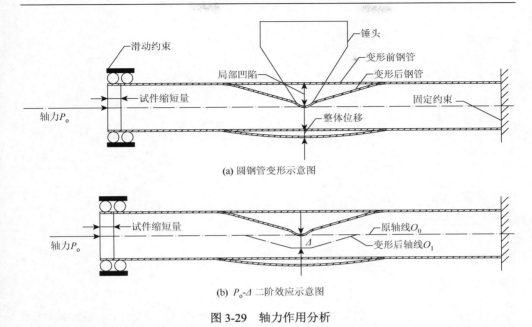

(a) 圆钢管变形示意图

(b) P_o-Δ 二阶效应示意图

图 3-29　轴力作用分析

力峰值、冲击力持时和位移响应均增加，但增加幅度较小；圆钢管最终轴向缩短量得到了有效控制，由 9.50mm 减少至 1.50mm。由圆钢管位移（图 3-30（a））和冲击力时程响应曲线（图 3-30（b））可以看出，三种工况下试件的响应趋势基本相同。通过分析可得到以下结论：①轴拉力可提高圆钢管抵抗侧向冲击的能力，但提高幅度较小；②轴拉力对圆钢管侧向总位移的影响不大，但可以有效控制圆钢管的轴向缩短量；③圆钢管侧向位移包括总位移、整体位移和局部凹陷位移，通过表 3-13 中数据可知轴拉力增大时，局部凹陷量增加较大（增大8.17mm，增大幅度为 12.73%），而整体位移增大较小（增大 3.41mm，增大幅度为 6.76%），局部凹陷增加量占到总位移增加量的 70.55%，即轴拉力可有效提高圆钢管的轴向刚度，在冲击能量相同的情况下，轴拉力较大的试件通过局部凹陷耗散的能量更大。

表 3-13　轴力作用下 BST 组圆钢管侧向冲击动力响应

试件编号	冲击速度/(m/s)	轴力P_o/kN	轴拉比	冲击力峰值/kN	冲击力持时/ms	轴向缩短量/mm	总位移/mm	整体位移/mm	局部凹陷/mm
BST1		95.82	0.25	110.70	48.58	9.50	114.60	50.41	64.19
BST2	8.86	155.95	0.41	114.16	48.66	8.50	118.20	49.81	68.39
BST3		191.57	0.50	121.36	49.23	1.50	126.18	53.82	72.36

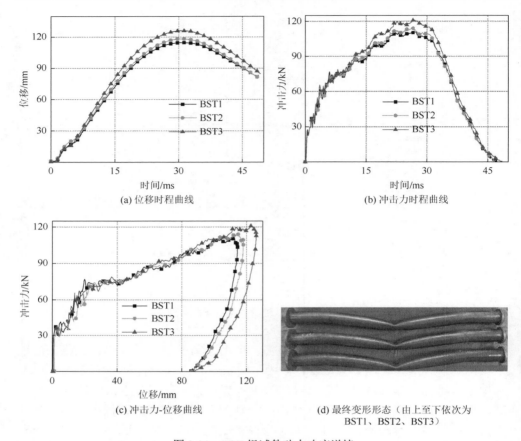

(a) 位移时程曲线　　　　　　　　　　　　(b) 冲击力时程曲线

(c) 冲击力-位移曲线　　　　　(d) 最终变形形态（由上至下依次为
　　　　　　　　　　　　　　　　　　BST1、BST2、BST3）

图 3-30　BST 组试件动力响应详情

2. 轴压力的影响

　　本节选用两组轴压力作用于圆钢管进行侧向冲击动力试验来分析轴压力的影响，试验中保持落锤冲击质量（427kg）和冲击速度（5.42m/s，9.39m/s）恒定，改变轴压力大小进行侧向冲击，具体工况及试件的动力响应如表 3-14 所示。试验过程中，对圆钢管所受到的轴压力进行了监测，如图 3-31 所示。可以看出在试验过程中，圆钢管轴向缩短造成轴力下降，但本书设计的轴力加载装置可有效地进行轴向力的补偿，较好地满足了试验的需求。由图 3-31 可以看出，轴力加载不同，轴力装置的补偿水平也是不同的，分析原因为本书选用的囊式蓄能器具有一定的工作区间，在轴力处于合理的区间时可以实现轴向力更好的补偿，例如，试件 BSP6 轴力仅仅损失 37%。由圆钢管动力响应的数值可看出轴压力对试件侧向冲击的影响远大于轴拉力的影响，例如，B 组试件随轴压力的增加，圆钢管冲击力峰值降低较大（降低 34.17kN，最大幅度为 27.83%）；同时，圆钢管的轴向缩短量伴随轴压力的增大得到了较大的增长（增大 25mm，最大幅度为 74.63%）；圆钢管的位移量的增加主要为整体位移量的增加，总位移增加了 26.03%，而整体位移的增加量占总位移增加量的 78.98%，对应的"轴拉力的影响"分析中整体位移的增加量仅占总位移增加量的 29.45%。由圆钢管位移（图 3-32（a）和图 3-33（a））和冲击力时程响应曲线（图 3-32（b）和图 3-33（b））可以看出，轴压力对位移响应的趋势影响不大，但对冲击力时程影响较大。

表 3-14　轴压力作用下圆钢管侧向冲击动力响应

试件编号	冲击速度 /(m/s)	初始轴力 P_o/kN	最终轴力 P_f/kN	P_f/P_o	F_{max}/kN	T_d/ms	轴向缩短 ΔL/mm
ASP1	5.42	37.10	19.13	0.52	59.99	81.68	33.00
ASP2		60.13	33.07	0.55	63.07	82.49	37.00
ASP3		81.80	49.24	0.60	60.32	78.77	38.50
ASP4		118.89	72.13	0.61	62.41	79.90	39.50
BSP1	9.39	45.72	23.92	0.52	122.79	62.34	33.50
BSP2		72.62	42.71	0.59	121.01	54.36	34.50
BSP3		90.27	53.96	0.60	120.07	63.72	39.50
BSP4		119.94	73.15	0.61	116.34	57.69	41.50
BSP5		142.77	88.36	0.62	98.86	60.55	42.50
BSP6		207.94	130.44	0.63	88.62	64.86	58.50

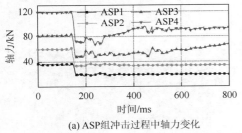 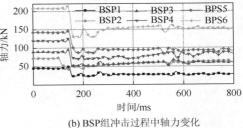

(a) ASP组冲击过程中轴力变化　　(b) BSP组冲击过程中轴力变化

图 3-31　冲击过程中轴压力响应

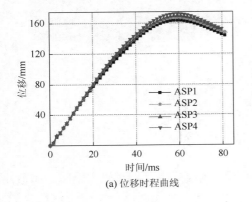 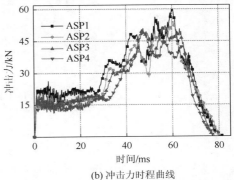

(a) 位移时程曲线　　(b) 冲击力时程曲线

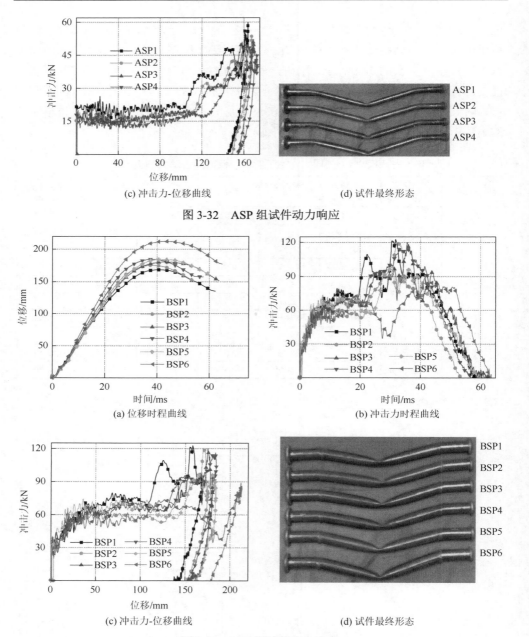

(c) 冲击力-位移曲线　　　　　　　　　　　(d) 试件最终形态

图 3-32　ASP 组试件动力响应

(a) 位移时程曲线　　　　　　　　　　　(b) 冲击力时程曲线

(c) 冲击力-位移曲线　　　　　　　　　　　(d) 试件最终形态

图 3-33　BSP 组试件动力响应

3.3　本 章 小 结

国内外迄今关于圆钢管抗冲击的相关研究主要集中于海洋平台钢结构和输油

输气管线领域，针对建筑钢结构用圆钢管的研究尚不多见。本章对 80 组两端固支圆钢管和 24 组轴力作用下圆钢管进行了较为系统的落锤冲击试验研究，从试验角度展示了圆钢管在冲击荷载作用下的动力响应、失效模式、破坏机理。在两端固支圆钢管侧向冲击试验中，考察了 7 种钢结构常用截面规格的圆钢管在不同跨径、不同冲击物形状、不同冲击位置等影响因素下的动力响应，系统地分析了圆钢管截面、长细比、冲击高度（冲击能量）、冲击动量、冲击物形状和冲击位置 6 个因素的影响；在轴力作用下圆钢管抗冲击试验研究中，分析了轴力在冲击过程中的作用机理，研究了轴拉力和轴压力对圆钢管在侧向垂直冲击下动力响应的影响。本章进行了 104 组圆钢管落锤冲击试验，在国内外开展如此系统的试验尚不多见，为钢结构用圆钢管侧向冲击研究提供了丰富的资料。

参 考 文 献

胡小华. 1993. 囊式蓄能器和活塞式蓄能器的选择和使用. 液压与气动，（1）：35-37.

支旭东，张荣，范峰，等. 2018. 一种施加较大轴向力的冲击试验加载平台：中国，ZL 201510745403.3.

中华人民共和国国家质量监督检验检疫总局，中国国家标准化管理委员会. 2010 金属材料拉伸试验 第 1 部分：室温试验方法：GB/T 228.1—2010. 北京：中国标准出版社.

中华人民共和国住房和城乡建设部. 2017. 钢结构设计标准（附条文说明[另册]）：GB 50017—2017. 北京：中国建筑工业出版社.

Allan J D，Marshall J. 1992. The effect of ship impact on the load carrying capacity of steel tubes. London：Health and Safety Executive.

Al-Thairy H，Wang Y C. 2011. A numerical study of the behaviour and failure modes of axially compressed steel columns subjected to transverse impact. International Journal of Impact Engineering，38（8-9）：732-744.

Al-Thairy H，Wang Y C. 2010. Numerical and analytical study of behavior of axially loaded steel columns subjected to transverse impact. International Conference on Steel & Composite Structures，Sydney.

API RP 2A-WSD. 2005. Recommended Practice for Planning，Designing and Constructing Fixed Offshore Platforms-working Stress Design. 21st ed. Washington：American Petroleum Institute.

Brooker D C. 2004. A numerical study on the lateral indentation of continuously supported tubes. Journal of Constructional Steel Research，60（8）：1177-1192.

Chen K，Shen W Q. 1998. Further experimental study on the failure of fully clamped steel pipes. International Journal of Impact Engineering，21（3）：177-202.

de Oliveira J G，Wierzbicki T，Abramowicz W. 1982. Plastic behaviour of tubular members under lateral concentrated loading. Oslo：Det Norske Veritas Technical Report 82-0708.

DNV-RP-C204. 2010. Design against Accidental Loads. Høvik：Det Norske Veritas.

Ellinas C P，Walker A C. 1983. Damage on offshore tubular bracing members. IABSE Colloquium on Ship Collisions with Ridges and Offshore Structures，2：53-61.

Eyvazinejad F S，Showkati H. 2013. Behavior of pre-compressed tubes subjected to local loads. Ocean Engineering，65：19-31.

Furnes O，Amdahl J. 1980. Ship collisions with offshore platforms. Proceedings of Intermaritec，Hamburg：310-318.

Jones N. 1976. Plastic failure of ductile beams loaded dynamically. Journal of Engineering for Industry，98（1）：131-136.

Jones N. 2011. Structural Impact. Cambridge：Cambridge University Press.

Jones N，Shen W Q. 1992. A theoretical study of the lateral impact of fully clamped pipelines. Journal of Process Mechanical Engineering，206：129-146.

Jones N，Birch R S. 2010. Low-velocity impact of pressurised pipelines. International Journal of Impact Engineering，37（2）：207-219.

Jones N，Birch S E，Birch R S，et al. 1992. An experimental study on the lateral impact of fully clamped mild steel pipes. Proceedings of the Institution of Mechanical Engineers，206（E）：111-127.

Khedmati M R，Nazari M. 2012. A numerical investigation into strength and deformation characteristics of preloaded tubular members under lateral impact loads. Marine Structures，25（1）：33-57.

Menkes S B，Opat H J. 1973. Broken beams. Experimental Mechanics，13：480-486.

NORSOK Standard N-004. 2004. Design of Steel Structures. Lysaker：Standards Norway.

Ong L S，Lu G. 1996. Collapse of tubular beams loaded by a wedge-shaped indenter. Experimental Mechanics，36（4）：373-378.

Shen W Q，Jones N. 1991. A comment on the low speed impact of a clamped beam by a heavy striker. Mechanics of Structures and Machine，19（4）：527-549.

Shen W Q，Jones N. 1992. A failure criterion for beams under impulsive loading. International Journal of Impact Engineering，12（1）：101-121.

Thomas S G，Rei S R，Johnson W. 1976. Large deformations of thin-walled circular tubes under transverse loading-Ⅰ：An experimental survey of the bending of simply supported tubes under a central load. International Journal of Mechanical Sciences，18（6）：327-333.

Watson A R，Reid S R，Johnson W，et al. 1976a. Large deformations of thin-walled circular tubes under transverse loading-Ⅱ：Experimental study of the crushing of circular tubes by centrally applied opposed wedge-shaped indenters. International Journal of Mechanical Sciences，18（7-8）：387-397.

Watson A R，Reid S R，Johnson W，et al. 1976b. Large deformations of thin-walled circular tubes under transverse loading-Ⅲ：Further experiments on the bending of simply supported tubes. International Journal of Mechanical Sciences，18（9-10）：501-509.

Wierzbicki T，Suh M S. 1988. Indentation of tubes under combined loading. International Journal of Mechanical Sciences，30（3-4）：229-248.

Yu T X，Chen F L. 1998. Failure modes and criteria of plastic structures under intense dynamic loading：A review. Metals & Materials，4（3）：219-226.

Zeinoddini M，Harding J E，Parke G A R. 1998. Effect of impact damage on the capacity of tubular steel members of offshore structures. Marine Structures，11（4）：141-157.

Zeinoddini M，Harding J E，Parke G A R. 1999. Dynamic behaviour of axially pre-loaded tubular steel members of offshore structures subjected to impact damage. Ocean Engineering，26（10）：963-978.

Zeinoddini M，Harding J E，Parke G A R. 2002. Axially pre-loaded steel tubes subjected to lateral impacts：An experimental study. International Journal of Impact Engineering，27（6）：669-690.

Zeinoddini M，Harding J E，Parke G A R. 2008. Axially pre-loaded steel tubes subjected to lateral impacts（a numerical simulation）. International Journal of Impact Engineering，35（11）：1267-1279.

第 4 章 圆钢管侧向冲击仿真技术及参数影响规律

尽管在第 3 章中开展了较多圆钢管构件的抗冲击试验，我们仍然感到在很多方面的成果和结论还需要计算机仿真技术的补充。这主要是因为受到试验条件的限制，如构件的尺寸有限，开展更大管径、更大跨度的试验较为困难；冲击的荷载也不能达到非常高的能量及冲击速度；构件的边界条件在试验中也很难做到理想的刚接、铰接及恒定轴力的状态等。因此，采用高效、经济的数值仿真技术，开展更大规模的分析，在更大的范围内讨论各种参数的影响规律，仍是构件抗冲击研究的一种必要手段。结构（构件）在冲击、爆炸等强动荷载下的响应是一种高度非线性的复杂力学过程，对其过程进行数值仿真往往需要采用显式（explicit）动力分析程序。同隐式（implicit）算法相比，显式算法无须进行平衡迭代，在合理的计算步长下一般不存在不收敛问题，特别适用于处理各类冲击、爆炸等动态非线性问题。主流的显式分析软件主要有 LS-DYNA、AUTODYN、MSC.Dytran 和 Abaqus/Explicit 等，本章主要通过 ANSYS 进行有限元模型前处理，采用 LS-DYNA 程序进行求解计算。

4.1 有限元模型的建立及验证

4.1.1 有限元模型的建立

采用有限元软件 ANSYS 建立圆钢管侧向冲击模型。依据 *ANSYS User's Manual Revision 10*（ANSYS，2006），圆钢管建模采用 4 节点薄壳单元 3D Shell163，选用适用于分析大变形翘曲的 Belytschko-Wong-Chiang 算法，同时采用面内单点积分提高计算速度。冲击物的建模采用实体单元 3D Solid164，为提高计算效率，将冲击物设置为刚体模型。有限元模型中圆钢管本构模型和冲击过程中的接触是影响计算精度的关键问题，在下面进行详述。

1. 圆钢管本构模型

MAT24 Piecewise Linear Plasticity（Isotropic）Model 材料模型（即 C-S 材料模型）在应变率小于 $1500\mathrm{s}^{-1}$ 时可较好地适用于数值模拟（支旭东等，2018），推荐在工程领域低速碰撞中使用，本章选用该模型进行圆钢管本构的定义。依据《金属材料 拉伸试验 第 1 部分：室温试验方法》（GB/T 228.1—2010）中规定对第

3 章试验采用的钢管进行取样及拉伸测试。将拉伸试验直接得到的工程应力-工程应变通过式（4-1）和式（4-2）变换为适用于 MAT24 的真实应力-真实应变数据，如图 4-1 所示。

$$\varepsilon_T = \ln(1+\varepsilon_E) \tag{4-1}$$

$$\sigma_T = \sigma_E(1+\varepsilon_E) \tag{4-2}$$

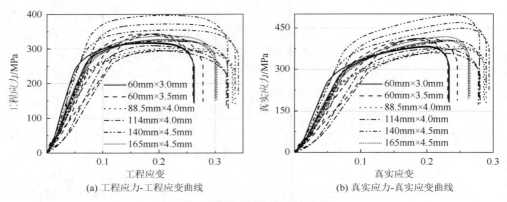

(a) 工程应力-工程应变曲线　　　　　(b) 真实应力-真实应变曲线

图 4-1　圆钢管应力-应变曲线

由图 4-1 可以，看出不同截面尺寸的圆钢管材性由于其加工工艺、钢材批次的区别而具有一定的离散性。为便于进行对比分析，对上述材性数据进行处理，选取平均值进行圆钢管材性的定义，具体取值见表 4-1，其真实应力-真实应变曲线如图 4-2 所示。

表 4-1　圆钢管材性参数

类型	密度/(kg/m³)	弹性模量/GPa	屈服强度/MPa	极限强度/MPa	失效应变	泊松比
取值	7850	207	275	411.5	0.27	0.27

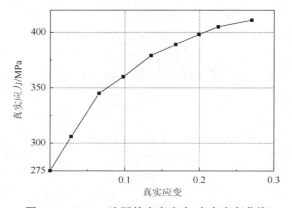

图 4-2　MAT24 选用的真实应力-真实应变曲线

2. 接触设置

在本章中，对于冲击力的数值即冲击物与圆钢管间的接触力，LS-DYNA 中通过定义可能发生接触的接触表面进行真实接触的模拟，定义不同的接触形式对应的接触算法存在不同。本章选用两种不同形式的接触：冲击物和圆钢管之间选用面面接触，静摩擦系数定义为 0.15，动摩擦系数定义为 0.1；为防止圆钢管大变形后自身穿透，又定义了圆钢管自身的自动单面接触，静摩擦系数定义为 0.15，动摩擦系数定义为 0.1。以上两种接触形式的接触算法为对称罚函数法，在接触过程中通过接触刚度（罚因子 $f_s = 0.1$）、接触深度（4 倍单元厚度）的选取进行接触界面的控制。

3. 有限元模型

图 4-3 为建立的有限元模型，其中选用刚体模拟落锤，可大大减少显示分析

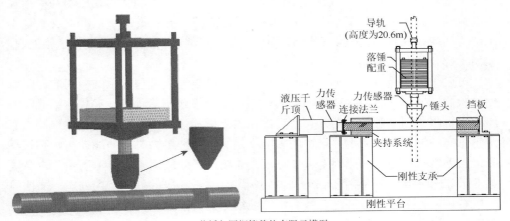

(a) 落锤与圆钢管整体有限元模型

(b) 圆钢管冲击接触位置与约束位置网格细化

图 4-3　圆钢管侧向冲击有限元模型

的计算时间。对于刚体，如果使用不切合实际的密度或者弹性模量，程序将通过计算刚体的密度、体积得到惯性特性，会造成程序在计算两者接触时接触力失真。由图 4-3（a）可以看出，本章建立的锤头形式与实际相同，质量的改变主要通过冲击物砝码数量的调整来实现。图 4-3（b）为圆钢管有限元模型，对冲击接触位置和两侧约束位置进行网格细化，模拟冲击时发生的局部凹陷、屈曲和裂缝。对于两侧固支约束圆钢管，在两侧约束位置约束节点的所有自由度；对于轴力作用下的圆钢管，施加轴力一侧约束位置除沿钢管轴向方向的平动自由度外全部进行约束。

4.1.2　有限元模型验证

1. 试验数据修正

本节通过数值仿真与第 3 章试验的两种冲击工况进行对比来验证有限元模型的合理性。试验过程中，试件加工误差、支承、夹具等影响使得相应的约束形式并非为理想固支或理想滑动，另外为满足安装需求，在钢管与夹具间、夹具与支承结构间均存在缝隙，因此在进行有限元结果验证之前对试验数据进行了预处理，以消除部分问题的影响。

可以预见的是，试件加工误差、试件与夹具以及夹具与支承结构间的缝隙对于试验测试曲线具有较为明显的影响，即在冲击接触初始阶段，夹具与钢管间的摩擦力可阻止圆钢管轴向的位移，随冲击力的增加，圆钢管轴向力超过摩擦力而产生轴向的滑移。轴向滑移产生的影响就是圆钢管冲击力时程曲线在初始阶段存在一段近似水平曲线，原则上可以对该段曲线进行处理。如图 4-4 所示，本节以第 3 章的两端固支圆钢管 B2 组试件为例进行了滑移段的处理，由处理后的曲线可以看出，处理后冲击持时有效缩短，曲线更为平滑连续。参照同样的处理方式对其他组试件进行了处理。

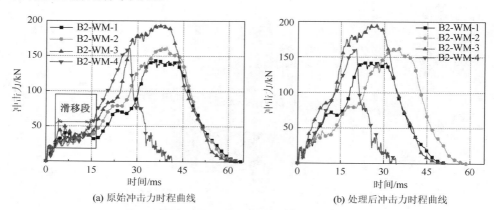

(a) 原始冲击力时程曲线　　　　　　　(b) 处理后冲击力时程曲线

图 4-4　B2 组试件冲击力时程曲线处理

对于支承结构刚度和夹具滑移产生的误差目前尚未有较好的处理办法，因为这两种误差贯穿于整个试验过程，且支承结构的刚度影响随圆钢管试件截面的增大而逐渐增大。以上三种误差在试验中是无法避免的，只能通过提高加工精度来减少。

2. 两端固支圆钢管侧向冲击有限元模型验证

本书共选取了 12 组冲击工况进行有限元模型准确性的验证，选取验证的案例考虑了试件截面及跨度（10 种）、冲击物形式（3 种）和失效模式（3 种）几种因素的影响。主要考察了圆钢管在落锤侧向冲击下的冲击力时程响应和失效模式，接下来对结果进行阐述并分析误差原因。

图 4-5 对修正前后的冲击力时程曲线进行了对比。基于"试验数据修正"提出的修正方法，对原始试验曲线进行了误差修正，由 12 组算例的冲击力时程曲线对比可以看出以下共同点：①初始阶段，有限元仿真曲线斜率大于试验曲线，且随冲击能量的增加，斜率之间的差距逐渐增大。分析原因为曲线斜率反映的是冲击力上升的速度，主要受试件自身刚度和约束形式的影响，随冲击能量的增加，试件支承和夹具刚度的影响逐渐增大；通过图 4-5（c）～（e）可以看出，当冲击能量升至可以使试件发生开裂时，仿真曲线的前面部分对试验曲线是包络的。②有限元分析结果的冲击持时小于试验结果（最大误差达 47.41%），对试验曲线进行修正后误差明显减小（最大减少量达 18.23%）；分析原因为试件加工误差、支承刚度以及试件尺寸误差的影响。③有限元仿真的冲击力峰值与试验值误差不大，一般在10%左右，整个误差趋势伴随试件变形的增大误差逐渐增大；主要原因为除上述提到的试件加工、支承刚度等误差外，LS-DYNA 在处理试件开裂时对裂缝开展的模拟尚不能完全达到较好的效果。④楔形锤头冲击物的模拟结果优于半球形和圆柱形锤头冲击物结果，尤其楔形锤头冲击物仿真曲线斜率和峰值力吻合均比较好；分析原因为半球形和圆柱形锤头与圆钢管接触的面积更大，造成圆钢管产生更大的局部变形，需要对接触算法及设置进行更深入的研究。

图 4-6 对圆钢管在冲击下的变形形态和失效模式进行了对比，其中失效模式定义参照第 3 章中两端固支圆钢管侧向冲击试验的定义。为模拟两支承位置圆钢管的屈曲和开裂、冲击位置的变形，对上述三个位置处网格进行了加密，有限元计算结果表明仿真对于失效模式 II（图 4-6（a））、失效模式III（图 4-6（b））的模拟效果较好，能较好地模拟出局部凹陷与整体弯曲的耦合、开裂和屈曲。但对于失效模式IV的模拟效果欠佳（图 4-6（c）），虽然圆钢管在约束位置发生了拉伸破坏，但圆钢管的断裂形式存在差别：试验中的试件产生拉伸破坏时，裂缝由上表面往下延伸并有向跨中扩展的趋势，而仿真时裂缝的延伸是沿着网格边缘发展的，近似于剪切破坏。原则上改进该裂缝开展形式的方式为进一步细化网

格，而本仿真的网格已经达到了 2.22mm×2.22mm（试件 B2-WM-4 的几何尺寸为 1200mm×60mm×3.5mm），进一步细化将产生网格畸形。仿真结果已基本满足要求（冲击持时误差为 1.19%，峰值力误差为 24.11%），因此本章没有进一步进行裂缝扩展形式的仿真研究。

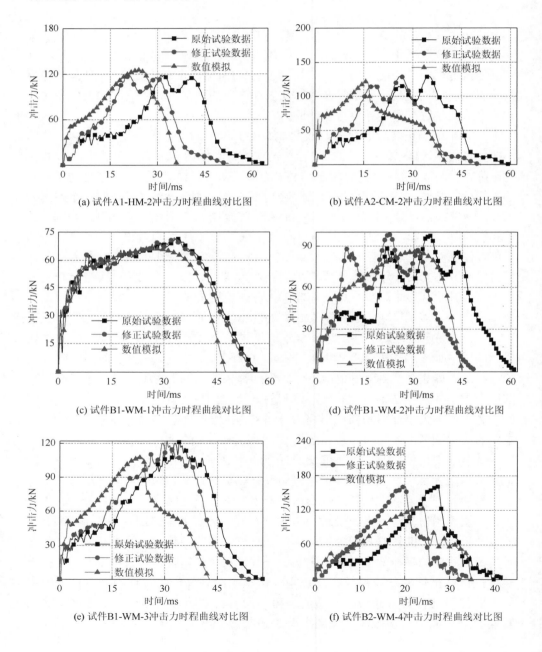

(a) 试件A1-HM-2冲击力时程曲线对比图

(b) 试件A2-CM-2冲击力时程曲线对比图

(c) 试件B1-WM-1冲击力时程曲线对比图

(d) 试件B1-WM-2冲击力时程曲线对比图

(e) 试件B1-WM-3冲击力时程曲线对比图

(f) 试件B2-WM-4冲击力时程曲线对比图

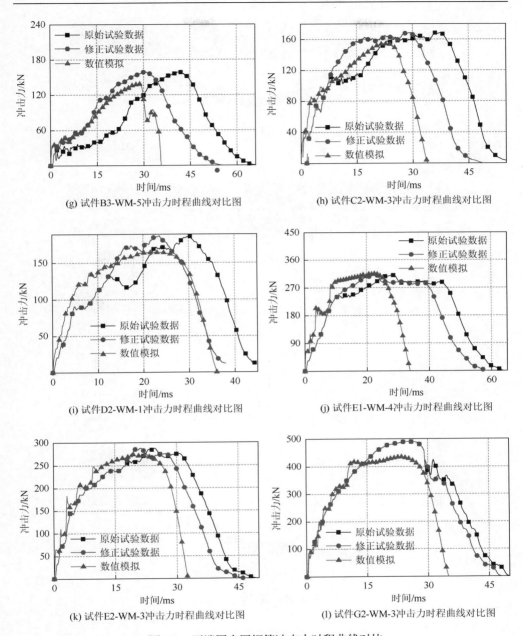

(g) 试件B3-WM-5冲击力时程曲线对比图

(h) 试件C2-WM-3冲击力时程曲线对比图

(i) 试件D2-WM-1冲击力时程曲线对比图

(j) 试件E1-WM-4冲击力时程曲线对比图

(k) 试件E2-WM-3冲击力时程曲线对比图

(l) 试件G2-WM-3冲击力时程曲线对比图

图 4-5　两端固支圆钢管冲击力时程曲线对比

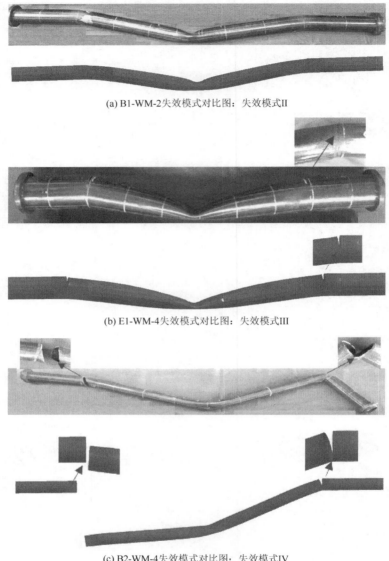

(a) B1-WM-2失效模式对比图：失效模式II

(b) E1-WM-4失效模式对比图：失效模式III

(c) B2-WM-4失效模式对比图：失效模式IV

图 4-6 有限元与试验的失效模式对比

  表 4-2 对以上对比进行了归纳，可以看出本节提出的建模方法可以满足进一步开展参数化分析的要求：冲击持时误差一般为 20%左右，冲击力峰值误差一般为 10%左右，失效模式得到准确模拟。

表 4-2　两端固支圆钢管有限元仿真验证结果详表

试件编号	工况		冲击持时					冲击力峰值			失效模式	
	冲击质量/kg	冲击速度/(m/s)	试验值/ms		仿真值/ms	误差/%		试验值/kN	仿真值/kN	误差/%	试验	仿真
			原始	修正后		原始	修正后					
A1-HM-2	411.25	6.45	63.66	52.78	38.82	39.02	26.45	118.84	125.26	-5.40	III	III
A2-CM-2	406.15	5.57	59.40	50.77	41.09	30.82	19.07	129.22	122.13	5.49	III	III
B1-WM-1	427.00	3.16	56.57	55.64	47.77	15.56	14.14	71.91	66.04	8.16	II	II
B1-WM-2	427.00	4.45	61.52	49.28	45.16	26.59	8.36	98.50	86.12	12.57	II	II
B1-WM-3	427.00	5.78	58.55	54.32	42.89	26.75	21.04	122.32	108.22	11.53	III	III
B2-WM-4	427.00	7.68	41.45	34.40	34.81	16.02	-1.19	161.43	122.51	24.11	IV	IV
B3-WM-5	427.00	7.68	59.26	54.49	35.40	40.26	35.03	159.72	140.16	12.25	IV	III
C2-WM-3	427.00	7.68	57.49	48.96	34.15	40.60	30.25	168.25	154.81	7.99	III	III
D2-WM-1	427.00	7.68	48.16	41.43	36.44	24.34	12.04	187.76	164.28	12.51	II	II
E1-WM-4	817.00	9.26	64.21	58.82	33.77	47.41	42.59	310.97	319.63	-2.78	III	III
E2-WM-3	607.00	9.03	49.96	46.27	32.67	34.61	29.39	287.60	275.87	4.08	II	II
G2-WM-3	1027.00	12.91	49.88	47.51	34.94	29.95	26.46	490.29	443.54	9.54	III	IV

4.2　圆钢管侧向冲击有限元模型的敏感性分析

在 4.1 节已经验证了本书建模方法的准确性，但通过大量的有限元仿真发现，圆钢管对网格尺寸、钢材本构参数、冲击物形式等因素非常敏感，尤其是网格尺寸影响到了圆钢管的失效模式的变化。在前面内容的基础上，本节对以上敏感因素进行研究，接下来进行详细阐述。

4.2.1　网格尺寸

本节选取 3 组（共 16 个）不同算例进行网格尺寸影响的考察，每组算例有限元模型之间的区别为网格尺寸、网格细化尺寸和位置，其他参数设置相同。

算例 4.1

在本组算例中，对比模型为试件 B1-WM-3，有限元模型网格具体设置及结果见表 4-3。图 4-7 为失效形式的效果说明图，网格形式的改变出现了新的失效形式。图 4-8 为各个算例在侧向冲击下的冲击力、位移响应曲线。由试验结果可以看出网格的改变影响很大，主要是失效形式的改变对冲击力持时和冲击力峰值带来了进一步的影响。

表 4-3　算例 4.1 详情及结果

算例编号	网格尺寸/mm	细化位置	细化后网格尺寸/mm		持时/ms	冲击力峰值/kN	失效形式
			跨中	两侧			
试验	—	—	—	—	54.32	122.32	约束位置开裂
M1-1	20.00	跨中和两侧	6.67	2.22	42.89	108.22	约束位置开裂
M1-2	5.00	未细化	5.00	5.00	25.91	154.36	跨中位置断裂
M1-3	7.50	未细化	7.50	7.50	29.12	158.96	跨中位置断裂
M1-4	7.50	两侧	7.50	2.50	40.25	109.37	约束位置开裂
M1-5	10.00	两侧	10.00	3.33	37.14	112.24	未开裂
M1-6	30.00	跨中和两侧	10.00	3.33	37.32	110.06	未开裂

(a) 圆钢管失效形式：约束位置开裂　　　　　　　(b) 圆钢管失效形式：跨中位置断裂

图 4-7　圆钢管失效形式

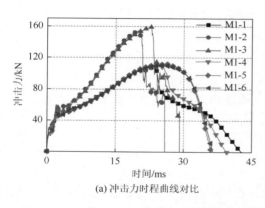
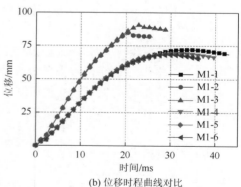

(a) 冲击力时程曲线对比　　　　　　　(b) 位移时程曲线对比

图 4-8　算例 4.1 圆钢管动力响应对比

算例 4.2

在本组算例中，对比模型为试件 B2-WM-4，有限元模型具体设置及结果见表 4-4。图 4-9 为试件在冲击工况下的冲击力、位移响应曲线。

表 4-4　算例 4.2 详情及结果

算例编号	网格尺寸/mm	细化位置	细化后网格尺寸/mm		持时/ms	冲击力/kN	失效形式
			跨中	两侧			
试验	—	—	—	—	41.45	161.43	约束位置断裂
M2-1	30.00	跨中和两侧	10.00	3.33	34.81	122.51	约束位置开裂
M2-2	10.00	两侧	10.00	3.33	36.53	127.16	跨中位置断裂
M2-3	10.00	跨中和两侧	3.33	3.33	36.21	110.53	跨中位置断裂
M2-4	10.00	未细化	10.00	10.00	36.27	126.15	跨中位置断裂
M2-5	20.00	跨中和两侧	6.67	2.22	27.51	116.72	约束位置开裂

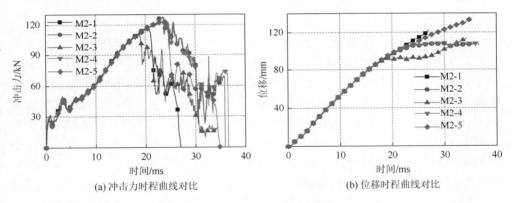

(a) 冲击力时程曲线对比　　　　　　　　(b) 位移时程曲线对比

图 4-9　算例 4.2 圆钢管动力响应对比

算例 4.3

在本组算例中，对比模型为试件 C2-WM-3，有限元模型具体设置及结果见表 4-5 和图 4-10。

表 4-5　算例 4.3 详情及结果

算例编号	网格尺寸/mm	细化位置	细化后网格尺寸/mm		持时/ms	冲击力/kN	失效形式
			跨中	两侧			
试验	—	—	—	—	48.96	168.25	约束位置开裂
M3-1	20.00	跨中和两侧	6.67	2.22	34.15	154.81	约束位置开裂
M3-2	20.00	两侧	20.00	6.67	25.91	154.36	未开裂
M3-3	20.00	未细化	20.00	20.00	29.12	158.96	未开裂
M3-4	10.00	两侧	3.33	3.33	40.25	109.37	未开裂
M3-5	30.00	跨中和两侧	10.00	3.33	37.32	110.06	约束位置开裂

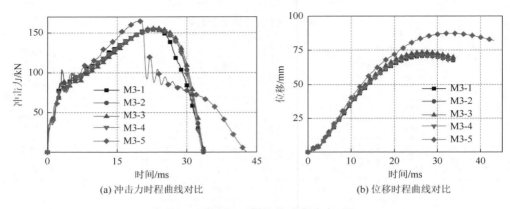

(a) 冲击力时程曲线对比　　　　　　　　　(b) 位移时程曲线对比

图 4-10　算例 4.3 圆钢管动力响应对比

　　以上算例的选择多为圆钢管处于开裂临界状态或者断裂极限状态,综合分析以上算例可以看出:①网格尺寸、网格细化尺寸及位置对圆钢管的动态响应影响非常大,尤其是由对失效形式的影响而带来对冲击力和位移响应的影响;②在圆钢管开裂之前,合理的网格对圆钢管的动态效应没有影响,由以上算例的时程曲线对比图可以看出在接触初期各个曲线是一致的;③圆钢管的开裂受有限元网格影响很大,影响因素主要有网格的尺寸、网格的相对尺寸两个方面。由以上三个算例得到的结论为:对于圆钢管支承位置开裂的模拟需设置合理的网格尺寸比例,约束位置和冲击位置处网格需要细化,其中细化后的网格尺寸比例约为支承位置∶跨中位置∶其他位置＝1∶3∶9。

4.2.2　材料本构模型的影响

　　在第 2 章中探讨了材料本构模型在有限元模型中的重要性,参数分析表明材料的应变率参数、失效应变、应力-应变关系对圆钢管在冲击下的响应影响较大。本节算例主要考察 MAT24 Piecewise Linear Plasticity (Isotropic) Model 材料模型参数改变的影响,基准试件选取 4.2.1 节验证过的 B1-WM-3,具体算例及算例结果如表 4-6 和图 4-11 所示。

表 4-6　算例详情及结果

算例编号	屈服强度/MPa	极限强度/MPa	失效应变	应变率参数		持时/ms	冲击力/kN
				C	P		
试验	—	—	—	—	—	54.32	122.32
C	275	411	0.27	40	5	42.89	108.22
C1-1	275	411	0.17	40	5	21.24	78.93

续表

算例编号	屈服强度/MPa	极限强度/MPa	失效应变	应变率参数		持时/ms	冲击力/kN
				C	P		
C1-2	275	411	0.22	40	5	29.09	94.81
C1-3	275	411	0.32	40	5	36.44	111.51
C2-1	175	311	0.27	40	5	57.98	88.46
C2-2	375	511	0.27	40	5	35.67	121.48
C2-3	475	611	0.27	40	5	30.91	131.45
C3-1	275	411	0.27	0	0	25.08	60.72
C3-2	275	411	0.27	400	50	24.34	201.47
C3-3	275	411	0.27	4	0.5	28.08	108.21

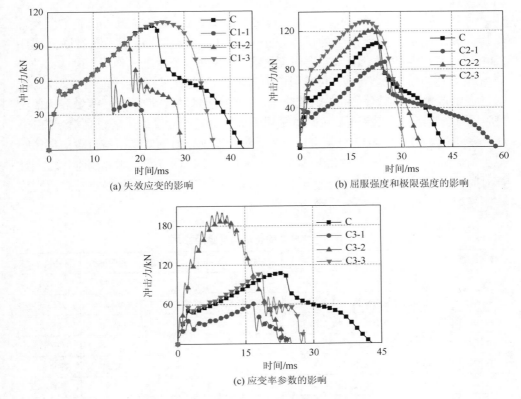

(a) 失效应变的影响

(b) 屈服强度和极限强度的影响

(c) 应变率参数的影响

图 4-11　圆钢管本构模型的影响

　　本节模型选取的是处于临界开裂状态的试件，由图 4-11 可得到以下结论：
①MAT24 材料主要根据失效应变定义模型的失效，图 4-11（a）可以看出，在材

料失效前（开裂）曲线是一致的；②可以预见的是，钢管强度的提高可带来钢管抗侧向承载力的提高，但钢管的强度也改变了试件裂缝的扩展趋势，从而改变了冲击持时；③由 2.5 节可知应变率影响的是材料的屈服强度，当钢管的应变率效应增强时，其失效承载力也得到了大幅度提高，从而影响钢管的动态响应。

4.2.3　冲击物的简化建模

本章中冲击物建模时选用的是真实的落锤尺寸及材料，落锤质量提高也是通过模拟在落锤上添加砝码完成的；为提高计算效率，将落锤设置为刚体，本节将探讨冲击物建模的影响，本节算例详情及结果见表 4-7 和图 4-12。由算例结果可以看出：①锤头形状不变，通过改变密度的方式代替整个冲击物是会产生较大的误差的（图 4-12（a）），而建立真实落锤模型后，通过提高冲击物密度代替增加砝码来增加质量所产生的误差很小（图 4-12（c）），原因为在有限元程序LS-DYNA 中，刚体的所有节点自由度是耦合到刚体质心上的，作用于刚体上的合力由每个时步的节点力合成，仅采用锤头简化的模型质心与真实模型相差太大；冲击过程中接触力的计算采用罚函数算法，不准确的材料特性改变了接触表面的刚度，从而造成了较大的误差；对刚体采用不准确的杨氏模量或密度也是 LS-DYNA明令禁止的。②由图 4-12（b）可以看出，对冲击物采用刚体模型与否对结果影响很小，而采用弹性体定义冲击物模型极大地增加了计算时间（本算例刚体模型计算时间 9 小时，弹性体模型计算时间为 96 小时）；LS-DYNA 程序推荐采用刚体定义模型中相对刚硬的部分来节省计算机时。

表 4-7　冲击物简化算例详情及结果

算例编号	冲击物形式	密度/(kg/m³)	工况	持时/ms	冲击力/kN
I1-1	真实的落锤形状，定义为刚体	7850	B1-WM-1	47.77	66.04
I1-2	仅锤头，定义为刚体	87245.5		37.21	56.36
I2-1	真实的落锤形状，定义为刚体	7850	B1-WM-2	45.16	86.12
I2-2	仅锤头，定义为刚体	87245.5		38.54	79.81
I3-1	真实的落锤形状，定义为刚体	7850	B1-WM-3	42.89	108.22
I3-2	仅锤头，定义为刚体	87245.5		45.93	107.16
I4-1	真实的落锤形状，定义为刚体	7850	B1-WM-4	42.89	108.22
I4-2	真实的落锤形状，定义为弹性体	7850		43.12	107.54
I5-1	真实的落锤形状，建立砝码	7850	F2-WM-1	26.61	213.83
I5-2	真实的落锤形状，无砝码	19397.5		26.61	213.83

算例编号	冲击物形式	密度/(kg/m³)	工况	持时/ms	冲击力/kN
I6-1	真实的落锤形状，建立砝码	7850	F2-WM-2	27.83	289.02
I6-2	真实的落锤形状，无砝码	19397.5		27.67	288.95
I7-1	真实的落锤形状，建立砝码	7850	F2-WM-3	25.53	519.12
I7-2	真实的落锤形状，无砝码	19397.5		25.62	518.96

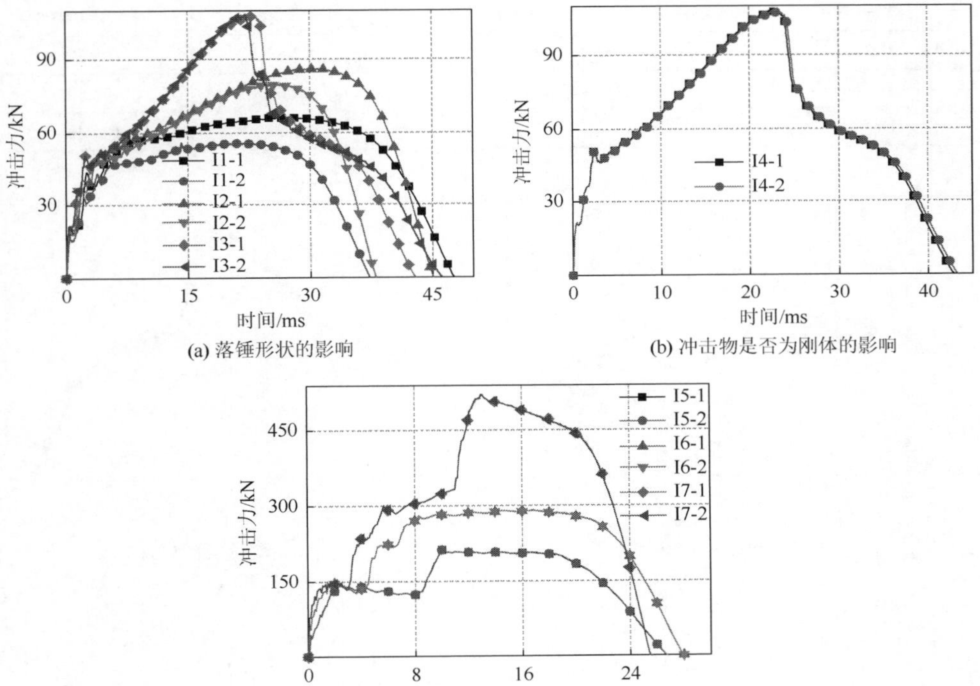

(a) 落锤形状的影响

(b) 冲击物是否为刚体的影响

(c) 砝码的影响

图 4-12　冲击物形式的影响

4.2.4　其他因素的影响

　　本节主要考察接触中摩擦系数（表 4-8）和圆钢管材料阻尼比（表 4-9）的影响。仿真结果表明，在常用范围内，冲击物与钢管之间摩擦系数的设置对圆钢管动力响应没有影响，同时圆钢管材料阻尼比对其响应的影响也很小，具体结果见图 4-13。

表 4-8   摩擦系数对比算例详情及结果

算例编号	静摩擦系数	动摩擦系数	冲击工况	持时/ms	冲击力/kN
Fr-1	0.15	0.1		42.89	108.22
Fr-2	0.015	0.01	B1-WM-3	42.89	108.22
Fr-3	1.5	1		42.89	108.22

表 4-9   材料阻尼比对比算例详情及结果

算例编号	阻尼比	冲击工况	持时/ms	冲击力/kN
Da-1	0.01		42.89	108.22
Da-2	0.08	B1-WM-3	42.09	103.52
Da-3	0.002		44.54	105.26

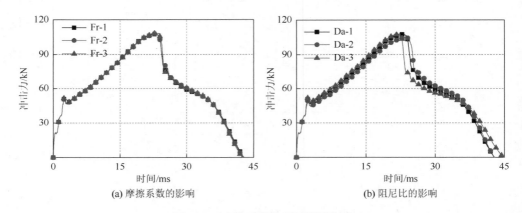

(a) 摩擦系数的影响   (b) 阻尼比的影响

图 4-13   摩擦系数与阻尼比的影响

4.3   参数分析方案

本章参数化分析选择的算例主要考察以下五个参数的影响：①算例中圆钢管试件选取工程结构中常用截面尺寸，共选取了 6 种常用截面，其中包括最小截面 60mm×3.5mm 和最大截面 1016mm×60.0mm；为防止试件发生局部屈曲，算例选取的圆钢管截面的径厚比处于 $15<D/T<35$（*Ansys User's Manual Revision 10* 规定径厚比不应超过 100（235/σ_y））。②为考察长细比的影响，将试件长细比定为 60、45、25、20（试件计算长度统一按两端铰接计算，满足 *Ansys User's Manual Revision 10* 的规定）。③冲击物形状对圆钢管塑性区和抗侧向冲击承载力的影响较大，其中主要受圆钢管接触面尺寸的影响；本章选用楔形和圆柱形冲击物来模拟真实结构可能受到冲击物的形状，如图 4-14 所示。④作为轴力构

件存在于结构中的圆钢管，承受冲击作用时多处于正常工作状态，即处于轴向受压或轴向受拉状态，本章也将分析轴拉力、轴压力、无轴力三种轴力状态的影响。⑤考虑工程结构中圆钢管的边界条件，选取四种理想约束形式：两端固支、两端三向铰接、一端三向铰接另一端垂直试件方向铰接、一端固支另一端垂直试件方向铰接。选择分析算例的详情如表 4-10 所示。

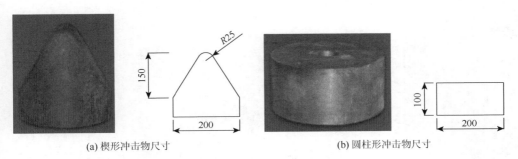

(a) 楔形冲击物尺寸　　　　　　　　　　(b) 圆柱形冲击物尺寸

图 4-14　冲击物尺寸（单位：mm）

基于第 3 章对试验的分析结果，在有限元分析中将关注以下响应指标：①冲击力，该参数为反映圆钢管侧向冲击承载力的主要指标。②位移，圆钢管在侧向冲击下存在三种位移参数：局部凹陷位移 δ、整体位移 δ_D 和总位移 ω（关于该三个参数的定义见第 3 章），在有限元分析中将重点关注局部凹陷位移和总位移与冲击力之间的关系。③冲击持时，该参数是指由冲击物与试件接触至分离的持续时间，主要与试件的刚度有关，反映试件抗侧向变形的能力。④失效模式，通过对圆钢管最后形态的分析判断圆钢管的失效模式，进一步进行失效机理的讨论。⑤塑性铰，对塑性铰进行详细表述便于进行圆钢管变形机理的分析，尤其是局部凹陷尺寸反映了试件局部刚度与整体刚度的关系。

表 4-10　参数化分析试件有限元模型详情

试件分组	圆钢管截面 $(D(\text{mm}) \times T(\text{mm}))$	试件长度 $2L/\text{mm}$	径厚比 D/T	约束形式	轴力状态	冲击物形式
A	60×3.5	900，1200	17.14	Ⅰ，Ⅱ，Ⅲ，Ⅳ	Ⅰ，Ⅱ，Ⅲ	Ⅰ，Ⅱ
B	140×4.5	1200，2157	31.11	Ⅰ，Ⅲ	Ⅰ，Ⅱ，Ⅲ	Ⅰ，Ⅱ
C	140×4.0	1200	35.00	Ⅰ	Ⅰ，Ⅱ，Ⅲ	Ⅰ
D	219×10.0	2589	21.90	Ⅰ	Ⅰ	Ⅰ
E	530×30.0	3542	17.67	Ⅰ，Ⅳ	Ⅰ	Ⅰ
F	1016×60.0	6773	16.93	Ⅰ	Ⅰ	Ⅰ

注：1. 约束形式Ⅰ指两端三向铰接，约束形式Ⅱ指两端固支，约束形式Ⅲ指一端三向铰接另一端垂直试件方向铰接（即无轴向约束），约束形式Ⅳ指一端固支另一端垂直试件方向铰接；2. 轴力状态Ⅰ指无轴力状态，轴力状态Ⅱ指轴向拉伸状态，轴力状态Ⅲ指轴向压缩状态；3. 冲击物形式Ⅰ指楔形冲击物，冲击物形式Ⅱ指圆柱形冲击物。

为便于对比分析，本节对有限元算例进行统一编号。编号中主要包含试件截面信息、长细比信息、约束信息、轴力状态和冲击物形式，在此以编号 B1WⅡN1 进行编号形式及意义的说明，如图 4-15 所示。

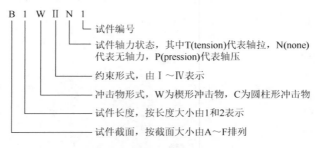

图 4-15　算例试件编号说明

4.4　无轴力作用圆钢管侧向冲击参数化分析

在本节参数分析中，选取的基准分析试件工况为：无轴力试件处于两端三向铰接约束下受到楔形冲击物的撞击（如 B1WⅠN 组试件），通过调整冲击速度改变冲击能量。在此基础上，调整试件几何尺寸、冲击物形状、约束形式等进行参数对比。

4.4.1　典型动力响应

有限元分析中，圆钢管存在两种典型的动力响应过程，一种为以发生局部凹陷和整体弯曲耦合变形为主，最终约束位置失效的动力行为；另一种为以局部凹陷变形为主，最终冲击位置失效的动力行为。下面就这两种不同的动力行为进行详细介绍。

第一种动力响应过程与已开展的冲击试验类似，在低速（速度≤20m/s）撞击中，圆钢管经历了局部凹陷（图 4-16（a））、局部凹陷和整体弯曲耦合（图 4-16（b））、支承位置圆钢管上表面开裂（图 4-16（c））和支承位置断裂（图 4-16（d））等四阶段的典型变形过程；当冲击速度较大时（速度为 100m/s），圆钢管在发生较小变形时跨中位置即开始断裂（图 4-16（e）），伴随变形的继续约束位置随后开裂。

第一种动力响应类型的冲击力和位移时程曲线如图 4-17 所示。由冲击力时程响应曲线（图 4-17（a））可以看出，随着冲击能量的提高，冲击力 33.41kN（A1WⅠN1）逐渐增大至 226.06kN（A1WⅠN6）；冲击持时的趋势由 26.1ms（A1WⅠN1）增至 42.1ms（A1WⅠN3），随后冲击持时逐渐缩短至 1.7ms（A1WⅠN6）；

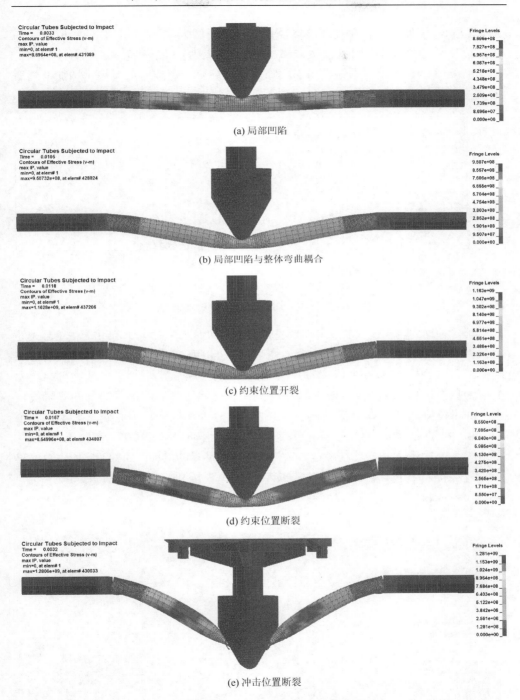

图 4-16　典型动力响应过程 I （图中时间单位为 s）

图 4-17（b）表明三种位移均随冲击能量的增加而增大，同时总位移的组成由局部凹陷位移 δ 为主（A1WⅠN1 $\delta/\omega = 67.99\%$）发展为以整体位移 δ_D 为主（A1WⅠN4 $\delta_D/\omega = 81.48\%$），即圆钢管局部凹陷位移发展至一定数值后就停止增加，随后主要发生整体弯曲变形。

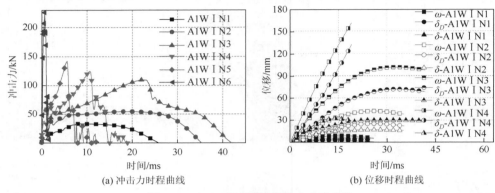

(a) 冲击力时程曲线　　　　　　(b) 位移时程曲线

图 4-17　A1WⅠN 组试件动力响应曲线

第二种动力响应过程多发生在直径较大的圆钢管试件上，如本节仿真的 E 组和 F 组试件，较为显著的特征为圆钢管的变形以局部凹陷为主，大部分算例的局部凹陷位移占总位移的 90% 以上，最终冲击位置处发生局部破坏。图 4-18 为该类动力响应的典型过程，可以看出在冲击物与圆钢管初始接触后即进入局部凹陷阶段，直至冲击位置达到失效应变而破坏。由冲击力时程和位移时程曲线（图 4-19）可知，第二种动力响应的冲击力和位移趋势与第一组动力响应类似，在此不再赘述；而由图 4-19（b）可以较为清晰地看出，伴随冲击能量的增加，局部凹陷所占总位移的比例越来越大，数值上由 84.67%（F1WⅠN1）升至 95.29%（F1WⅠN6）。

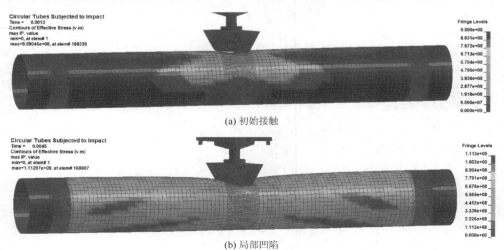

(a) 初始接触

(b) 局部凹陷

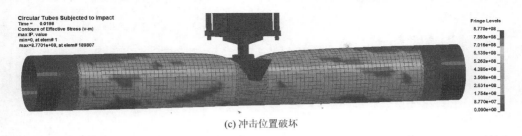

(c) 冲击位置破坏

图 4-18　典型动力响应过程 II（图中时间单位为 s）

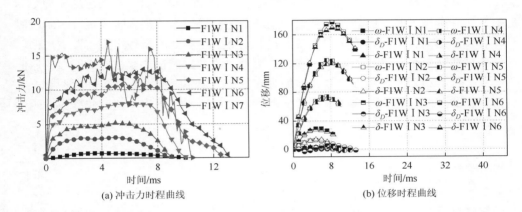

(a) 冲击力时程曲线　　　　　　　　　　　(b) 位移时程曲线

图 4-19　F1W I N 组试件动力响应曲线

4.4.2　失效模式

有限元分析表明，在不同的工况下，圆钢管主要存在以下六种失效模式。①失效模式 I：局部凹陷，圆钢管冲击位置处发生局部凹陷，而圆钢管轴线不发生变形或者变形很小（≤0.05D）；该种失效模式主要发生在冲击能量较小和钢管直径较大的试件中。②失效模式 II：圆钢管发生局部凹陷和整体弯曲耦合变形，部分试件支承位置下表面屈曲明显；圆钢管支承位置的屈曲多发生在约束形式 III、IV 的试件上，分析原因为圆钢管的轴向缩短造成圆钢管在发生整体弯曲后，约束边缘的挤压更为严重，从而发生屈曲。③失效模式 III：支承位置上表面开裂，随变形继续增大，支承位置圆钢管上表面达到极限拉伸应变而开裂。④失效模式 IV：约束位置拉伸断裂，支承位置处裂缝沿支承约束逐渐延伸至下表面而断裂分离。⑤失效模式 V：冲击位置剪切断裂，冲击速度较大时，圆钢管试件在整体变形较小的情况下，冲击位置首先发生剪切断裂。⑥失效模式 VI：冲击位置局部破坏，该失效模式多发生在圆钢管直径较大或冲击物形状较小的工况中。

4.4.3　影响因素分析

本节详细分析约束形式、圆钢管长细比、冲击物形状和冲击位置四种因素的影响，主要对冲击力、冲击持时和位移三个主要动力响应参数进行对比分析。

　　1. 约束形式的影响

有限元分析发现，圆钢管在四种约束下，动力响应与 4.4.1 节叙述的典型动力响应过程基本一致，区别在于圆钢管局部凹陷与整体弯曲耦合阶段至开裂阶段时是否发生圆钢管支承位置下表面屈曲。约束形式Ⅰ和Ⅱ的试件一般不发生屈曲，或者屈曲现象不明显（图 4-20（a）），约束形式Ⅲ和Ⅳ的试件存在较为明显的屈曲现象（图 4-20（b））。屈曲产生的原因为在圆钢管发生局部凹陷与整体弯曲耦合时圆钢管的轴向缩短会造成约束位置处钢管表面挤压，当压应力超过屈服应力时就会形成较为明显的屈曲形态。

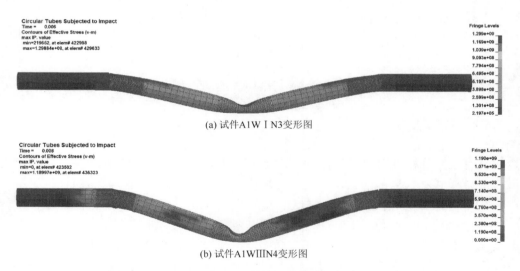

(a) 试件A1WⅠN3变形图

(b) 试件A1WⅢN4变形图

图 4-20　不同约束形式下试件变形图（图中时间单位为 s）

对 A1 组试件（几何尺寸 60mm×3.5mm×900mm）进行了较为系统的分析，由图 4-21 可以看出：①四种约束形式中，约束形式Ⅰ和Ⅱ、约束形式Ⅲ和Ⅳ对圆钢管的影响基本相同，尤其是约束形式Ⅲ和Ⅳ的三种动力响应参数曲线基本重合。②约束形式Ⅰ和Ⅱ间的区别在于是否对支承位置进行了转动自由度的约束，该区别会对处于临界状态和开裂后圆钢管的响应存在影响；该现象也说明在冲击工况下，将实际工程中圆钢管两侧约束形式简化为铰接（约束形式Ⅰ）

或者刚接（约束形式Ⅱ）均是可行的，但将约束形式简化为刚接更为保守。③约束形式Ⅰ（Ⅱ）和Ⅲ（Ⅳ）的影响存在较大的区别，而且该影响在圆钢管处于局部凹陷与整体弯曲变形耦合和圆钢管开裂之间时（冲击速度为 3～5m/s）达到最大；这两种约束形式间的区别为是否对圆钢管进行了轴向约束，可看出轴向约束的影响很大，尤其是对冲击力的影响最大（图 4-21（a））。对 B1 组试件（几何尺寸 140mm×4.5mm×1200mm）的有限元分析进一步证明了轴向约束对冲击力、冲击时程和位移的影响，具体响应见图 4-22。已有的研究结果证明了轴向约束的存在将会在试件发生大变形时诱发轴力效应，从而大幅度地提高试件的抗侧向承载力。

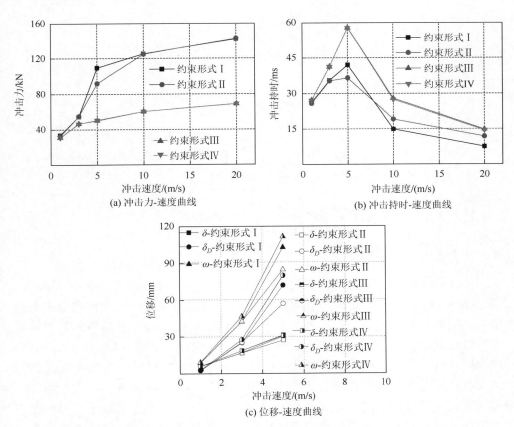

(a) 冲击力-速度曲线

(b) 冲击持时-速度曲线

(c) 位移-速度曲线

图 4-21　四种约束形式下 A1 组动力响应参数

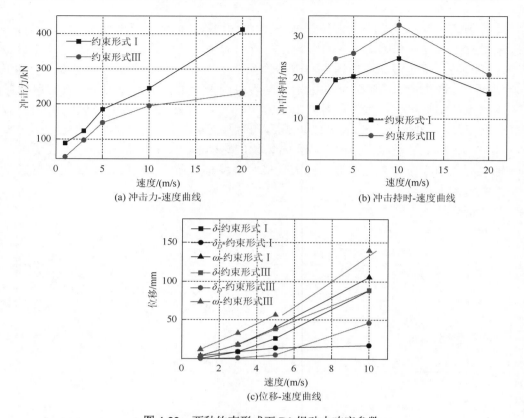

(a) 冲击力-速度曲线　　　　　　　　　　(b) 冲击持时-速度曲线

(c)位移-速度曲线

图 4-22　两种约束形式下 B1 组动力响应参数

2. 圆钢管长细比的影响

图 4-23 和图 4-24 为两种截面尺寸圆钢管不同长细比的动力响应对比图，通过图 4-23 和图 4-24 的动力响应对比可得到相同的结论：①在相同的冲击能量下，圆钢管长细比越大，冲击力越小，在圆钢管处于较大变形至开裂时冲击力差值达到最大。②圆钢管长细比对冲击持时影响较大，图 4-24（b）中最大的差距达到了 58.27%；原因为冲击持时受被冲击物的刚度影响较大，长细比越大，被冲击物的抗弯刚度越小，从而冲击持时越长。③在相同冲击能量下，长细比较大的试件的总位移和整体位移较大，但局部凹陷位移小于长细比较小的试件，即长细比较大试件的位移组成以整体位移为主；该现象产生原因为截面尺寸相同的试件抵抗局部凹陷的能力相同，而长细比较大试件抵抗弯曲变形的能力更差，故主要发生整体弯曲变形。

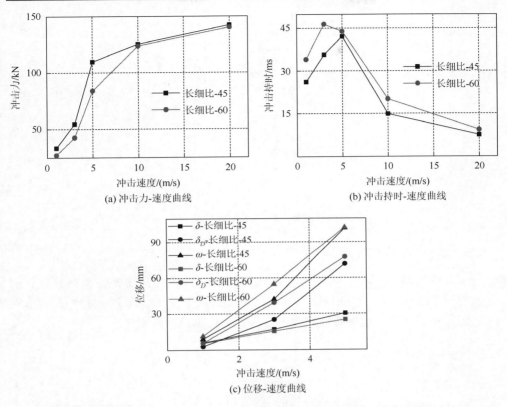

图 4-23　A1WⅠN 组和 A2WⅠN 组试件动力响应参数对比图

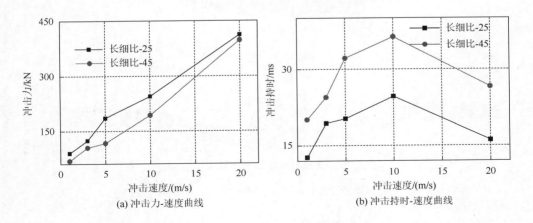

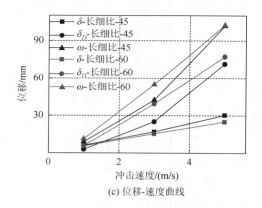

(c) 位移-速度曲线

图 4-24　B1WⅠN 组和 B2WⅠN 组试件动力响应参数对比图

3. 冲击物形状的影响

本节采用楔形、圆柱形两种形状冲击物，圆钢管的变形图如图 4-25 所示，均为典型的"三塑性铰"变形机制。冲击物形状的不同，造成了冲击接触位置塑性区几何尺寸的不同，但最终失效模式均为支承位置拉伸断裂。

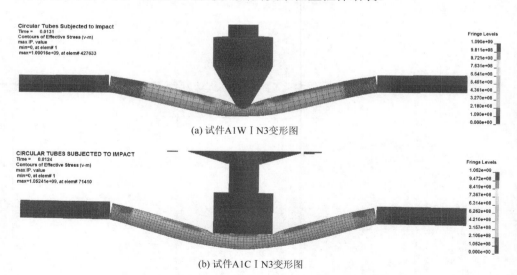

(a) 试件 A1WⅠN3 变形图

(b) 试件 A1CⅠN3 变形图

图 4-25　不同冲击物下试件变形图（图中时间单位为 s）

图 4-26 和图 4-27 为两种几何尺寸的圆钢管在两种冲击物下的动力响应指标对比图，可以看出相同冲击能量下圆柱形冲击物会产生更大的冲击力，冲击持时更短，三种位移参数均小于楔形冲击物产生的位移。分析产生该现象的原因为圆柱形冲击物的冲击接触区域远大于楔形冲击物的冲击接触区域，从而圆柱形冲击

物作用的圆钢管局部抵抗力、整体变形抵抗力均大于楔形冲击物作用下的圆钢管
抵抗力。

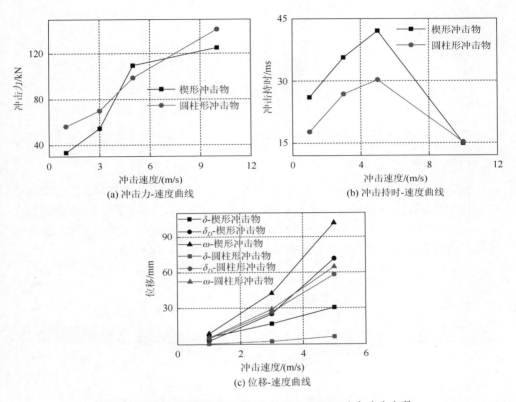

(a) 冲击力-速度曲线

(b) 冲击持时-速度曲线

(c) 位移-速度曲线

图 4-26　不同冲击物下 A1W I N 和 A1C I N 动力响应参数

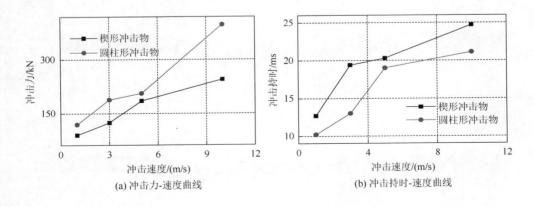

(a) 冲击力-速度曲线

(b) 冲击持时-速度曲线

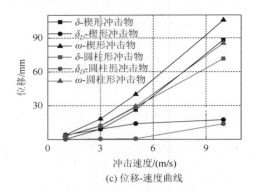

(c) 位移-速度曲线

图 4-27　不同冲击物下 B1W Ⅰ N 和 B1C Ⅰ N 动力响应参数

4. 冲击物位置的影响

图 4-28 依次为跨中冲击、1/4 跨冲击和 1/9 跨冲击形成的变形图，跨中冲击和 1/4 跨冲击最终的变形模式为"三塑性铰"变形机制，1/9 跨冲击试件最终的变形模式为"两塑性铰"变形机制；最终失效模式均为支承位置拉伸破坏，跨中冲击为两侧对称失效，1/4 跨和 1/9 跨冲击为靠近冲击侧拉伸断裂。

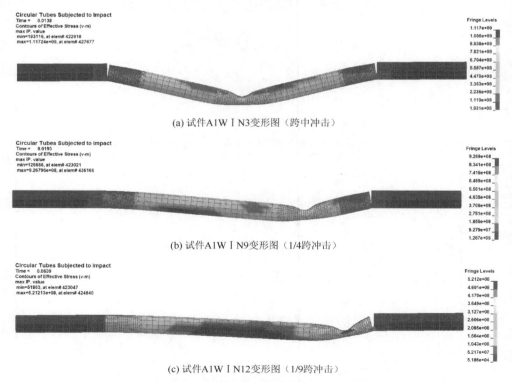

图 4-28　不同冲击位置下试件变形图（图中时间单位为 s）

由图 4-29 所示的各项动力响应指标对比图可知，在圆钢管失效之前，冲击位置越接近支承位置，冲击力越大，冲击持时越短；位移变形随冲击位置改变较大，体现在两个方面：①冲击位置越接近支承位置，三种位移越小；②冲击位置越接近支承位置，位移组成中局部凹陷所占比例越大。以上现象的产生主要受圆钢管抗弯能力变化的影响，冲击越接近支承位置，圆钢管抵抗整体弯曲变形的能力越强，而抵抗局部凹陷变形的能力不受冲击位置的影响。

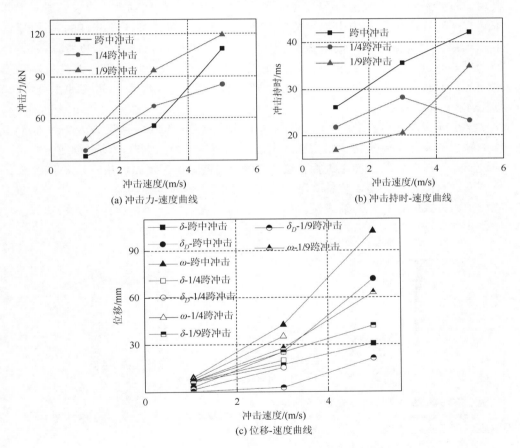

图 4-29　不同冲击位置 A1W I N 组动力响应参数

4.5　轴力作用下圆钢管侧向冲击参数化分析

4.5.1　有限元建模与轴力的施加

通过 ANSYS/LS-DYNA 软件对轴力作用下圆钢管侧向冲击进行有限元模拟。

为保证轴力的施加，本节选用了圆钢管约束状态为前面定义的约束形式Ⅲ，即一端为三向铰接，另一侧为垂直试件方向铰接。

　　轴力的施加属于准静态加载的过程，多采用隐式算法进行模拟；而冲击过程属于瞬态加载过程，多采用显式算法进行模拟；同时又需要保证在冲击过程中圆钢管处于轴力作用下。考虑该力学过程，本书采用隐式-显式序列求解，求解过程如下。①隐式加载：有限元模型如图4-30（a）所示，具体过程为在ANSYS/LS-DYNA模块通过弹簧单元（Combin14）对圆钢管（Shell181）施加轴力，该求解方式要求建立所有在显示算法中用到的模型部分，建立冲击物模型（Solid185）后进行节点约束。②显式分析：将隐式分析完毕的模型进行单元转换，把隐式单元转换为显式单元，并对隐式模型的约束重新定义；把隐式分析结果（节点位移和单元应力）通过动力松弛文件（drelax）施加到显式模型中，随后进行冲击分析，如图4-30（b）所示。

　　采用弹簧单元（隐式单元Combin14，显式单元Combi165，刚度设为2kN/mm）施加轴力的原因主要是防止轴力在冲击过程中消失，当圆钢管滑动段缩短时，可通过储存在弹簧内部的能量进行补偿（与试验中蓄能器作用原理相同）。有限元分析中通过对弹簧单元节点位移、圆钢管应力和节点轴向位移的监测，证明了本节施加轴力方式的可行性。通过试件的轴压（拉）比进行轴力的确定，分析的算例如表4-11所示。

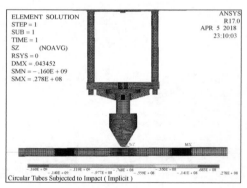 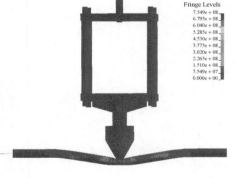

(a) 隐式分析　　　　　　　　　　　(b) 显式分析

图4-30　隐式-显式序列求解（图中时间单位为s）

表4-11　轴力作用下圆钢管侧向冲击有限元分析详情

分组	截面（mm×mm）	轴压（拉）比	冲击质量/kg	冲击速度/(m/s)
A1	60.0×3.5	0.25，0.50，0.75	427.0	3.0，5.0
B1	140.0×4.5			

4.5.2　典型动力响应

　　轴力作用下圆钢管典型侧向冲击动力过程如图 4-31 所示，依次经历局部凹陷（图 4-31（b））、支承位置圆钢管下表面屈曲（图 4-31（c））、支承位置下表面和冲击位置开裂（图 4-31（d））、圆钢管与试件分离（图 4-31（e））等阶段；当轴力为压力且轴压比较大时，部分试件还会在轴压力作用下进一步变形失效（图 4-31（f））。对于轴拉力作用的试件，在冲击能量较大时支承位置上表面会发生开裂（图 4-32）。

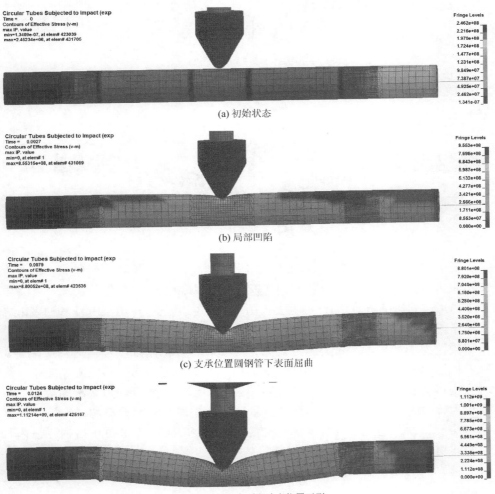

(a) 初始状态

(b) 局部凹陷

(c) 支承位置圆钢管下表面屈曲

(d) 支承位置下表面和冲击位置开裂

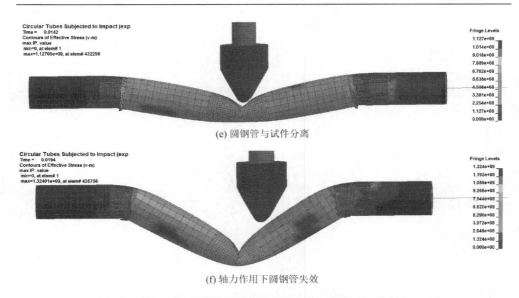

(e) 圆钢管与试件分离

(f) 轴力作用下圆钢管失效

图 4-31　轴压作用下圆钢管侧向冲击过程（图中时间单位为 s）

图 4-32　支承位置上表面开裂（图中时间单位为 s）

图 4-33 为 B1 组试件在侧向冲击作用下典型的动力参数响应曲线，为便于突出轴力效果，将前面进行的相同工况下无轴力冲击响应曲线绘制在一起。由图 4-33（a）可以清晰地看出，轴拉力作用冲击力位于无轴力作用约束 I 和约束III二者冲击力响应的中间，而轴压力作用冲击力小于无轴力作用约束III的冲击力；伴随轴拉力的增加，冲击力响应增大；伴随轴压力的增加，冲击力响应减小。轴力作用对整体弯曲位移的响应影响非常大，对局部凹陷位移的影响较小，其对总位移的影响主要来源于对整体弯曲位移的影响；随着轴力状态的改变，即由较大轴拉力减少至零，再增至较大轴压力状态时，圆钢管在冲击作用下的整体弯曲位移逐渐增大，其曲线斜率发生较大改变，当轴压比为 0.75 时，整体弯曲曲线斜率已为负值。

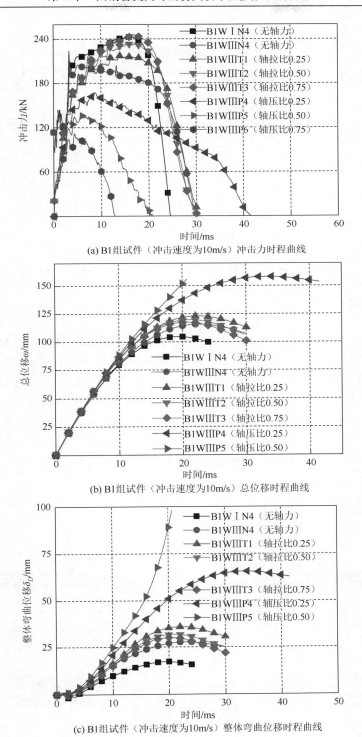

(a) B1组试件（冲击速度为10m/s）冲击力时程曲线

(b) B1组试件（冲击速度为10m/s）总位移时程曲线

(c) B1组试件（冲击速度为10m/s）整体弯曲位移时程曲线

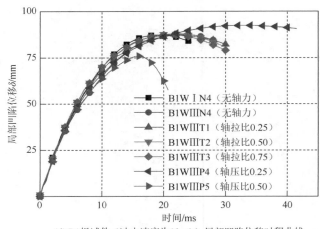

(d) B1组试件（冲击速度为10m/s）局部凹陷位移时程曲线

图 4-33　轴力作用 B1 组试件（冲击速度为 10m/s）动力响应

4.5.3　失效模式

与无轴力状态作用相比，轴力作用下圆钢管侧向冲击出现了多种不同的失效模式，共计存在五种失效模式，具体如图 4-34 所示。在冲击能量较小的情况下，圆钢管主要出现图 4-34（a）所示失效模式Ⅰ：局部凹陷与整体弯曲耦合。伴随冲击能量的增加，圆钢管在支承位置下表面出现受压屈曲（图 4-34（b））。圆钢管开裂时，轴拉力作用下，裂缝出现在冲击位置和支承位置圆钢管上表面（图 4-34（c））。在轴压力作用下，裂缝出现在冲击位置和支承位置圆钢管下表面（图 4-34（d））。在冲击能量和轴压力较大时，冲击结束后圆钢管会在轴压力作用下继续变形发生失稳破坏（图 4-34（e））。

(a) 失效模式Ⅰ：局部凹陷与整体弯曲耦合

(b) 失效模式Ⅱ：支承位置下表面屈曲

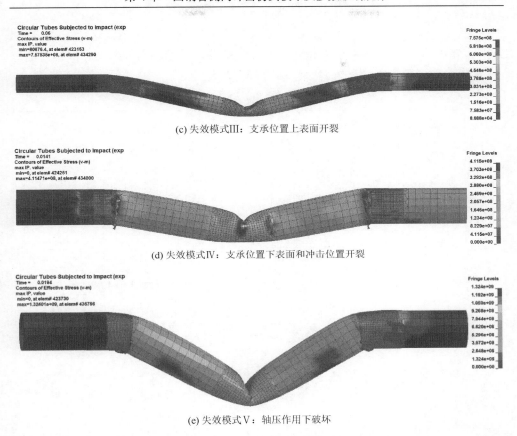

(c) 失效模式Ⅲ：支承位置上表面开裂

(d) 失效模式Ⅳ：支承位置下表面和冲击位置开裂

(e) 失效模式Ⅴ：轴压作用下破坏

图 4-34　轴力作用下圆钢管失效模式（图中时间单位为 s）

4.5.4　轴力的影响分析

在第 3 章中已经对轴力作用机理进行了阐述，轴力对圆钢管侧向冲击动力响应的影响有两个方面：①轴力影响圆钢管抗弯能力和抵抗局部凹陷变形的能力；②当圆钢管发生具有一定位移量的变形后，轴力会产生附加弯矩，即 P_0-$\varDelta$ 二阶效应。在本节通过较多的算例对理想条件下轴向拉力和轴向压力的影响进行分析，重点分析轴力对冲击力、冲击持时和三种圆钢管位移等动力响应的影响。

1. 轴向拉力的影响

图 4-35 为轴拉力作用下圆钢管动力响应参数的对比图，可以看出轴拉力在圆钢管受到侧向冲击作用时为一种有利荷载，其作用近似为增强了圆钢管的轴向约束，提高了圆钢管抵抗冲击荷载的能力。随轴拉力的增大，圆钢管冲击力峰值逐渐提高，其波动区间位于两端三向铰接（约束形式Ⅰ）和一端三向铰接另一端垂

直试件方向铰接（约束形式Ⅲ）中间（图 4-35（a）和（b））；图 4-35（c）为局部凹陷位移、整体弯曲位移和总位移的对比趋势图，伴随轴力的增加，圆钢管的位移逐渐减少，尤其是对整体弯曲位移的影响更大。

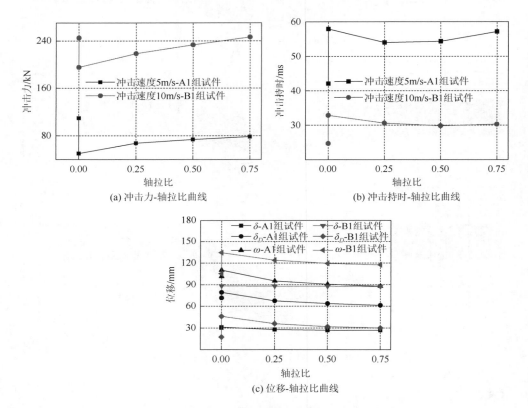

图 4-35　轴拉力的对圆钢管冲击响应影响

2. 轴向压力的影响

轴向压力对圆钢管抗侧向冲击性能的影响非常大，且为不利荷载。由图 4-36 冲击力时程响应曲线可以看出，随轴压力的增加，圆钢管抗冲击承载力急剧下降，如图 4-36（b）中 B1WⅢP3 试件的冲击力仅为相同约束形式下无轴力作用时的 54.03%。伴随轴压力的增加，冲击持时的改变趋势为先增加后减少，即在圆钢管发生开裂前，冲击持时随轴力的增加而增加，一旦圆钢管出现开裂，冲击持时随轴力的增加而急剧减少。

图 4-37 为四组不同工况下轴压作用试件动力响应的对比图，随轴压力的增加，冲击力的发展趋势为逐渐减少，冲击持时的规律不明显。轴压力对圆钢管位移响

应的影响为：①随轴压力的增加，整体弯曲位移逐渐增大；②轴压力对局部凹陷位移的影响不大；③随轴压力的增加，圆钢管总位移逐渐增大，增大的部分主要来源于整体弯曲位移。

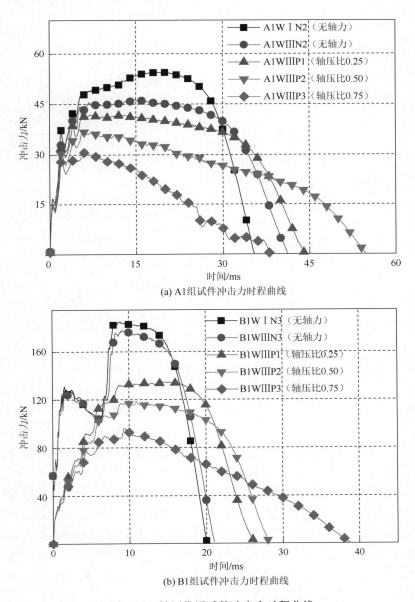

(a) A1组试件冲击力时程曲线

(b) B1组试件冲击力时程曲线

图 4-36　轴压作用试件冲击力时程曲线

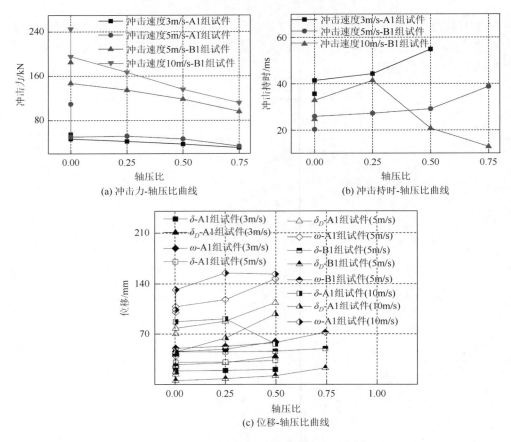

图 4-37　轴压力对圆钢管冲击响应的影响

4.6　本 章 小 结

　　在前述圆钢管构件抗侧向冲击试验的基础上，本章主要在数值仿真技术和参数影响规律两方面开展工作，得出的结论主要如下。

　　（1）提出了圆钢管构件抗侧向冲击的有限元建模方法，通过对比研究发现，对于处于开裂状态的圆钢管试件，网格尺寸、网格细化尺寸及位置对圆钢管的动态响应影响非常大，甚至改变了圆钢管的失效形式，而在圆钢管开裂之前有限元网格的影响较小；圆钢管动态响应受应变率效应的影响很大，而失效应变主要影响试件的抗冲击承载力；冲击物建模时推荐采用刚体模型，但应避免对冲击物进行过大的简化而采用不合实际的密度或杨氏模量。

　　（2）基于数值仿真的优越性开展了更大规模的参数分析，发现：圆钢管存在两种典型的动力响应形式，在低速冲击（速度≤20m/s）下圆钢管经历了局部凹陷、局部凹陷和整体弯曲耦合、支承位置圆钢管上表面开裂和支承位置断裂四阶段的典型变形过程；当冲击速度较大时（速度为 100m/s），圆钢管在发生较小变形时跨中位置即开始断裂，伴随冲击继续进行变形增大、约束位置随后开裂。在无轴力作用的圆钢管侧向冲击中，圆钢管主要存在局部凹陷、局部凹陷和整体弯曲耦合变形、支承位置上表面开裂、约束位置拉伸断裂、冲击位置剪切断裂和冲击位置局部破坏六种失效模式；在轴力作用下圆钢管侧向冲击中则存在五种失效模式。

参 考 文 献

支旭东，张荣，林莉，等. 2018. Q235B 钢动态本构及在 LS-DYNA 中的应用. 爆炸与冲击，38（179-03）：127-133.

中华人民共和国国家质量监督检验检疫总局，中国国家标准化管理委员会. 2010. 金属材料 拉伸试验 第 1 部分：
室温试验方法：GB/T 228.1—2010. 北京：中国标准出版社.

ANSYS. 2006. ANSYS User's Manual Revision 10. Pittsburgh：ANSYS，Inc.

第5章　网壳结构在冲击荷载下的失效模式

在掌握了圆钢管构件的冲击性能后，我们希望更宏观地了解由圆钢管构成的网壳结构在冲击荷载作用下的动态表现。很自然地，我们要建立网壳结构的整体模型，开展不同参数情况下的仿真，从整体上考察这些算例中结构响应的规律，并总结这些规律，定义不同的破坏模式。当然，还需要开展缩尺模型的冲击试验，以验证结构的这些破坏模式等。按照这一研究思路，本章重点介绍网壳结构遭受冲击荷载的有限元建模技术，定义并讨论结构的失效模式与失效机理。

5.1　基于 ANSYS/LS-DYNA 的有限元模型

本节以 Kiewitt-8 型单层球面网壳为例介绍网壳结构在冲击荷载下的有限元建模过程。Kiewitt-8 型单层球面网壳由 8 根径杆将球面分为 8 个对称的扇形曲面，每个扇形曲面内，由环杆和斜杆分割成大小较匀称的三角形网格。本算例网壳各项参数选取见表 5-1，支承条件为最外环节点采用固定铰支座。冲击物采用半径为 1.5m、高 2.7m 的圆柱体。以顶点竖向冲击为例，网壳与冲击物的几何模型以及主要节点与编号见图 5-1。由中心向外分别为 1~8 环。

表 5-1　Kiewitt-8 型单层球面网壳参数

径杆和环杆	斜杆	跨度	矢跨比	屋面荷载
Φ180mm×7.0mm	Φ168mm×6.0mm	60m	1/7	1200N/m²

5.1.1　定义单元类型

建模应用通用有限元软件 ANSYS/LS-DYNA，网壳杆件单元采用三节点梁单元 Beam161，并且采用 Hughes-liu 算法进行计算，适用于薄壁截面。可以用梁单元中间跨度横截面上的一组积分点来模拟矩形或圆形横截面，还可以自定义横截面积分法则来模拟任意截面形状。屋面荷载以质量单元的形式加在节点上，分析中采用质量单元 Mass166，质量单元由一个节点和一个质量值定义，采用质量单元可以简化部分结构，减少动力分析所需的单元数目，进而减少求解机时（ANSYS，2006）。冲击物采用实体单元 Solid164，是 8 节点六面体单元，没有零能模式，不需要沙漏控制。

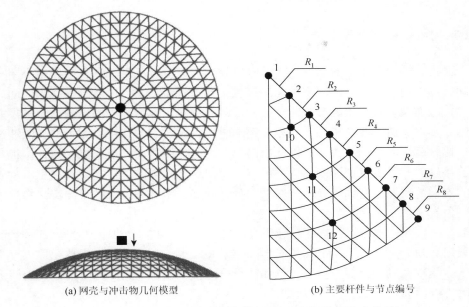

(a) 网壳与冲击物几何模型　　　　　　　(b) 主要杆件与节点编号

图 5-1　Kiewitt-8 型单层球面网壳及其主要杆件及节点编号

5.1.2　定义材料模型

应变率对结构承受动力冲击荷载的能力有重要影响，在本章结构建模中，钢材的材料模型仍采用考虑应变率影响的分段线性塑性模型（时党勇等，2005），该模型记入应变率效应，可以提高钢材的屈服应力。分段线性塑性模型是多线性弹塑性材料模型，可以输入应变率相关的应力-应变曲线，同时根据塑性应变定义失效。其中采用 Cowper-Symonds 模型考虑应变率，其与材料屈服应力的关系为

$$\sigma_{\mathrm{y}} = \left[1 + \left(\frac{\dot{\varepsilon}'}{c}\right)^{\frac{1}{p}}\right] [\sigma_0 + f_h(\varepsilon_{\mathrm{eff}}^p)] \tag{5-1}$$

式中，σ_0 为常应变率的屈服应力；$\dot{\varepsilon}'$ 为有效应变；c, p 为应变率参数；$f_h(\varepsilon_{\mathrm{eff}}^p)$ 为基于有效塑性应变的硬化函数。

本章中，材料参数主要依据作者开展的 Q235 钢的试验设定，屈服强度为 207MPa（本章中材料的屈服强度使用试验值，未使用相关技术规范的建议值），弹性模量为 206GPa，泊松比为 0.3；材料的应变决定其是否失效，失效应变定义为 0.25。研究中不考虑冲击物的破坏，因此冲击物的材料模型采用刚体，这样可以大量减少显式分析所用的时间。

5.1.3　定义接触类型

冲击分析中最重要的部分是接触碰撞分析，ANSYS/LS-DYNA 程序中不同物体间接触作用的分析方法突破以往的接触单元方式，定义可能接触的接触表面，指定接触类型以及与接触有关的一些参数，在程序计算过程中就能保证接触界面之间不发生穿透，并在接触界面相对运动时考虑摩擦力的作用。因为网壳受冲击属于比较简单的接触方式，所以选用简单实用的点面接触。点面接触是使用很广泛的接触类型，优点是速度很快且可靠，使用这一接触类型时需要注意主、从表面的定义，需要根据几何外形与网格划分来确定，错误的主、从表面定义将导致接触失真（白金泽，2005）。

同时按照结构特点将需要单独研究的部分（如冲击物、被冲击的局部区域等）单独定义为一个 Part（具有相同的 Type 号、Real 号、Mat 号的一组单元称为一个 Part），这样有利于计算及操作。例如，将可能发生接触的两部分分别定义为两个 Part，这样可以避免在计算时对结构所有单元是否发生接触进行判断。

此外，计算时采取如下假设：①应力波瞬时传播到梁单元的各个部分；②忽略热能与摩擦；③冲击物为刚体。

5.2　网壳结构的典型冲击失效模式

冲击荷载的参数包括冲击物的质量、速度、尺寸、冲击方位，以及材料是刚性的、弹性的或弹塑性的等；网壳结构的参数包括网壳的类型、跨度、矢跨比、杆件截面等。在本节中，网壳结构的类型包括 Kiewitt-8 型单层球面网壳、短程线型及肋环斜杆型单层球面网壳、单层柱面网壳等。通过对网壳冲击响应的大量参数进行分析，发现并定义了冲击荷载下网壳结构的三种典型失效模式：结构局部凹陷、结构整体倒塌与结构冲切破坏。

5.2.1　结构局部凹陷

1. 典型算例一

网壳模型采用前面介绍的 Kiewitt-8 型单层球面网壳，冲击物竖向冲击网壳顶点，冲击物为质量 $m = 1.0 \times 10^4$kg，冲击速度 $v = 60$m/s，直径为 3m，高 2.7m 的圆柱体。冲击过程见图 5-2。

冲击荷载见图 5-3，冲击荷载为一个单独的半正弦脉冲，体现为短时超强荷载，冲击持时很短，仅 3.4ms，但是峰值却达到 185000kN，在网壳冲击响应全过程中荷载仅作用一次。

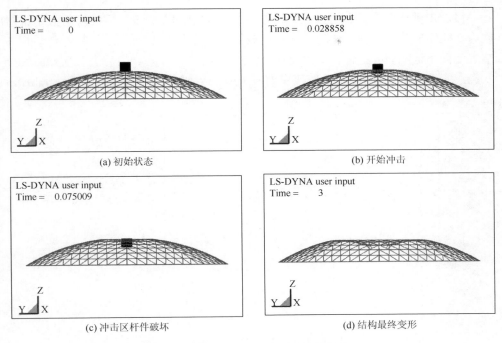

(a) 初始状态　　　　　　　　　　　　　　　(b) 开始冲击

(c) 冲击区杆件破坏　　　　　　　　　　　　(d) 结构最终变形

图 5-2　冲击过程图示（图中时间单位为 s）

被冲击点（节点 1）速度变化见图 5-4。节点 1 速度变化完全符合冲击的特点，在冲击瞬间被冲击点速度剧烈改变，在短短的几毫秒内速度已经达到–99.36m/s。而由于冲击持时极短，此时与之相邻的节点 2 的速度变化很小。由于冲击荷载结束，顶点速度不再增加，而且由于需要带动相邻节点向下运动，速度反而迅速下降。此外，在节点 1 的带动下，与之相邻的节点 2 的速度不断增加，在 T_F 时刻已经达到–14.71m/s。

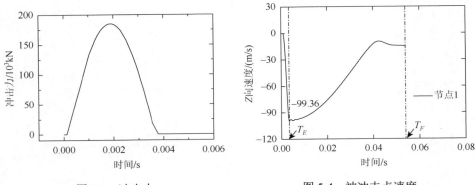

图 5-3　冲击力　　　　　　　　　　　　图 5-4　被冲击点速度

　　被冲击破坏的杆件积分点应力见图 5-5。在冲击开始时刻，剪切应力大于轴向应力，杆件横截面受剪；伴随着冲击荷载结束，节点 1 开始通过杆件 R_1 带动相邻节点 2 向下运动，导致杆件 R_1 由剪切状态过渡到弯曲状态，最后进入全截面受拉状态。在杆件破坏时刻，由于应变率效应失效，应力瞬间极高，已经接近 800MPa。

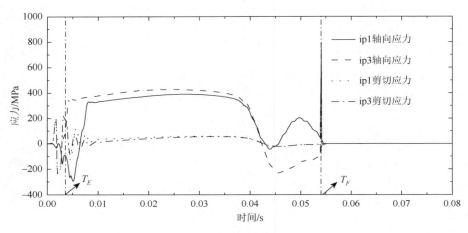

图 5-5　冲击杆件积分点应力

ip 为积分点

　　由被冲击点到支座边缘的其他一系列杆件的应力变化见图 5-6。由于 1~4 环出现凹陷，所以 R_2、R_3、R_4 的应力波动较大，并且三根杆件的应力依次达到峰值。其他杆件由于未产生凹陷，应力仅有较小的变化。此外，通过应力图可以发现除失效的杆件外，其他杆件的应力均不大。

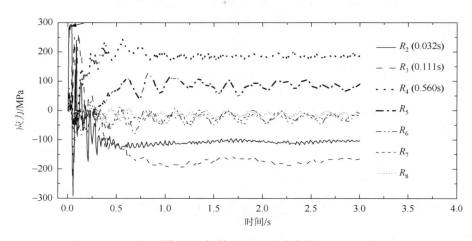

图 5-6　杆件 R_2~R_8 应力变化

从被冲击点到支座边缘的其他一系列节点的速度变化见图 5-7。杆件破坏时刻（T_F）节点 2 的速度被带动达到极值，其后，其他节点依次被节点 2 带动达到速度极值；最后，由于节点 2 不能带动所有节点向下运动，破损后的网壳达到另一平衡位置（凹陷后的位置），并在此位置趋于稳定。节点的位移也显示了这一运动规律，见图 5-8，部分节点被依次带动凹陷，之后在某一平衡位置附近振动。

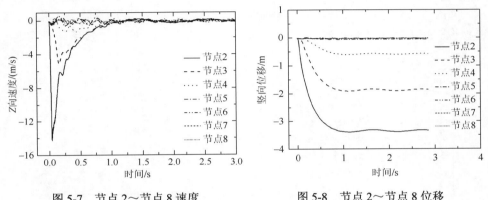

图 5-7　节点 2～节点 8 速度　　　　　　图 5-8　节点 2～节点 8 位移

由于是顶点竖向冲击导致网壳破坏，节点的速度与位移可以反映节点所在环的速度与位移。因为每环质量固定，节点速度的变化趋势也能够体现出动能的变化趋势。为了便于理解网壳被冲击破坏过程中的能量传递规律，将网壳按照倒塌路径分为 7 个相似的部分，见图 5-9。

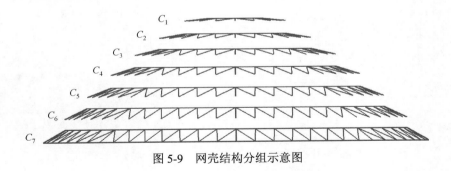

图 5-9　网壳结构分组示意图

网壳倒塌过程中的动能变化见图 5-10。动能变化与速度变化的规律类似，冲击作用使得 C_1 动能瞬间增加，冲击力结束时动能达到极值，开始带动其他部分凹陷，但冲击区失效又使动能骤减；动能在倒塌时增加，随后带动下一部分倒塌，在 C_{i+1} 开始倒塌时，C_i 的动能减少；最后在网壳变形终止时动能趋近于 0。

杆件的应变能变化见图 5-11，应变能依次变化说明杆件依次倒塌，并且在倒塌过程中发生变形。在 C_{i+1} 开始倒塌时，C_i 应变能趋于稳定，而且应变能在冲击过后突增，杆件破坏时应变能骤减。对比图 5-10 发现，动能增大时应变能开始增加，动能减少时应变能变化开始趋于平稳。网壳在倒塌过程中发生了动能、应变能与位能之间的转化。网壳应变能增加需要吸收能量，而倒塌时倒塌部分的位能将会减少，减少的位能与网壳应变能增加之差就是网壳的动能变化。图 5-12 显示开始时应变能的需求超过位能减少，并一直保持到变形停止，与之相对应，图 5-13 显示，冲击使网壳的动能增加，冲击区杆件破坏使得 C_1 的动能瞬间骤降，之后由于全过程中应变能增长始终超过位能减少，网壳结构整体动能降低，最后趋于稳定。

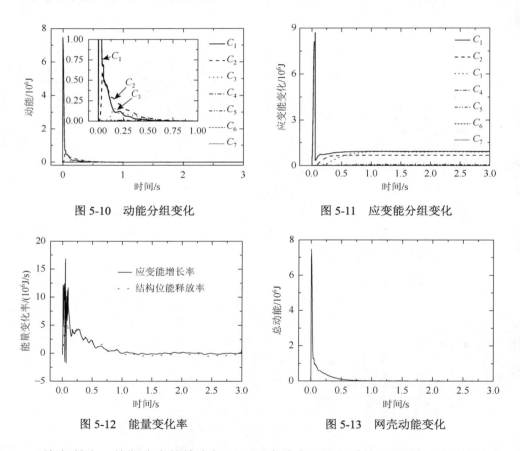

图 5-10　动能分组变化　　　　　　　　图 5-11　应变能分组变化

图 5-12　能量变化率　　　　　　　　　图 5-13　网壳动能变化

综上所述，前期响应的特点如下：网壳冲击区局部响应（主要是被冲击点的速度）瞬时增大到极值；由于应变率效应，杆件的失效应力远远超过屈服强度；此外，冲击使网壳冲击区的动能与应变能瞬间增加，而网壳冲击区杆件破坏导致冲击区的动能与应变能瞬间骤减。后期响应的主要特点如下：冲击荷载结束后，响应由局部向整体传播，网壳逐环凹陷，正在凹陷时该环的动力响应增大，凹陷后动力响应趋于平稳,最后在变形后的平衡位置附近振动,整体最大响应出现时间的数量级为秒。除被冲击杆件外,其余杆件应力均不大。在倒塌过程中正在倒塌的部分应变能和动能增加,但位能减少;当下一组开始凹陷时,前一组的应变能变化趋于平稳,位能依旧减少,动能变化则取决于两者之差。可以看出,冲击力结束时刻被冲击点的速度体现了冲击荷载的瞬时作用效果,是决定网壳后期响应的主要因素。

　　短程线型与肋环斜杆型球面网壳在冲击荷载(包括斜向冲击)下也均可能发生结构局部凹陷的破坏模式。由于冲击响应的特征是类似的,不再重复叙述,冲击变形过程及应力云图变化如图 5-14 所示。

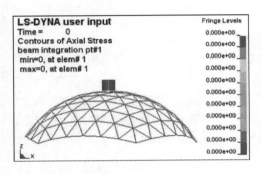
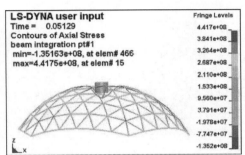
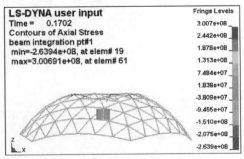
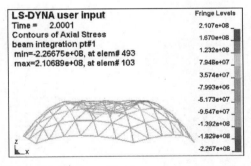

(a) 短程线型球面网壳结构局部凹陷($m = 2.0 \times 10^4$kg, $v = 50$m/s)

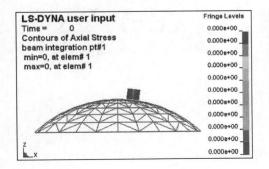
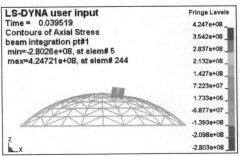

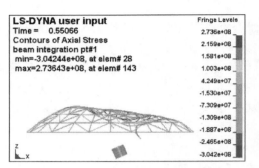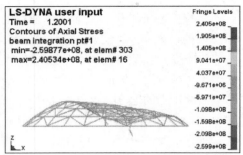

(b) 肋环斜杆型球面网壳结构局部凹陷（$m = 2.0 \times 10^4 \text{kg}$，$v = 30\text{m/s}$）

图 5-14　短程线型及肋环斜杆型球面网壳冲击失效过程（图中时间单位为 s）

2. 典型算例二

单层柱面网壳在冲击荷载下也存在局部凹陷的破坏模式，下面举例说明。单层柱面网壳选为三向网格型，该类型网壳的特点为刚度较好，杆件种类少，经济合理，故为工程中较为常用的一种。本算例中柱壳跨度为 20m，长宽比为 1.8，矢跨比为 1/5，屋面荷载为 600N/m² 并以集中质量的形式分配到网壳的各个节点上，纵杆采用 $\Phi 102\text{mm} \times 4\text{mm}$，斜杆采用 $\Phi 121\text{mm} \times 6\text{mm}$。网壳周边采用三向铰支座固定。网壳冲击模型及主要杆件与节点编号见图 5-15。

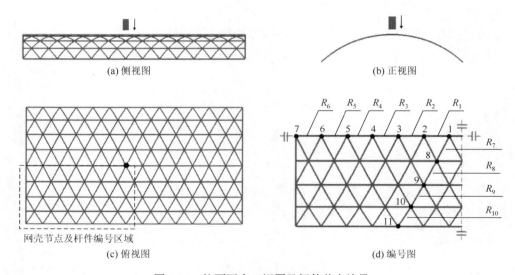

图 5-15　柱面网壳三视图及杆件节点编号

冲击物竖向冲击网壳节点 1（图 5-15（c）中的黑色圆点），冲击物质量 $m = 1.0 \times 10^4 \text{kg}$，冲击速度 $v = 10\text{m/s}$。冲击过程中结构的变形发展如图 5-16 所示。

结构变形以冲击点为中心，逐渐向外扩散，最终形成结构的局部凹陷，变形未扩展至结构整体，网壳未发生穿透，杆件未失效。

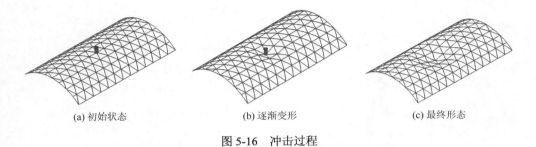

(a) 初始状态　　　　　　(b) 逐渐变形　　　　　　(c) 最终形态

图 5-16　冲击过程

　　冲击力时程曲线如图 5-17 所示，冲击物与网壳发生多次接触，每次冲击持时极短。冲击力峰值最初较大且不断衰减，直至约 0.3s 时，维持在约 0.3kN 的水平，至 0.9s 左右时，冲击过程结束。由于冲击物与网壳多次接触，冲击物向网壳施加了较多的冲量。

　　图 5-18 为被冲击点（节点 1）及其相邻节点（节点 2 和节点 3）的速度时程曲线，与冲击力曲线对应，节点 1 在冲击最初约 0.3s 内，速度剧烈振荡，但峰值不断降低；而在 0.9s 左右趋于稳定，之后在 0 附近振动。节点 2 及节点 3 在点 1 带动下向下运动，与节点 1 相比，节点 2 及节点 3 速度发展滞后，且变化平缓，最后节点 2 及节点 3 速度与节点 1 同步发展。

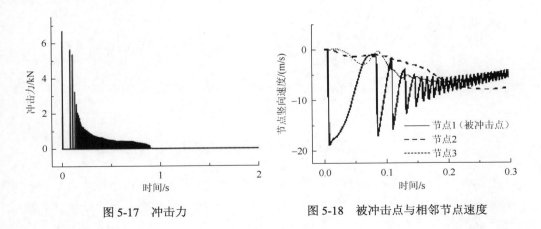

图 5-17　冲击力　　　　　　　　图 5-18　被冲击点与相邻节点速度

　　以 R_1 为例介绍被冲击杆件的应力发展，如图 5-19 所示，在冲击作用开始后不久，R_1 轴向应力迅速发展，而剪切应力相对小很多。结合图 5-16 发现 0.3s 左右时，冲击力明显降低，杆件应力也随之发生变化，杆件由全截面受拉转为受弯,剪切应力此时仍然很小;最后杆件应力趋于稳定。其他杆件应力如图 5-20 所示,距离冲击点越远,杆件应力振动越小,达到最大变形后,杆件的应力逐渐趋于稳定。

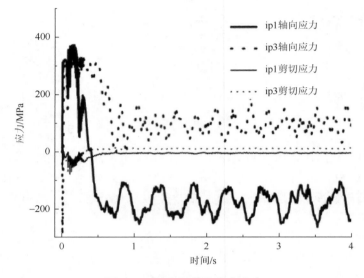

图 5-19　冲击杆件积分点应力

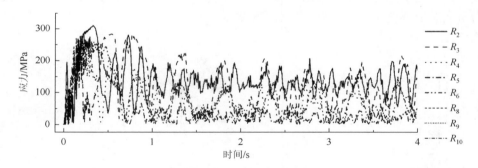

图 5-20　其他杆件应力变化示意图

其他节点的速度及位移曲线如图 5-21 和图 5-22 所示,发现距被冲击节点近的节点速度变化剧烈,且峰值较大,而较远的节点变化较平缓,节点按照距离被冲击点的远近被依次带动。根据图 5-22 所示的位移曲线也能判断结构的变形特征,由冲击区到支座,网壳节点被依次带动,之后在倒塌后的平衡位置附近振动。结构发生了局部凹陷。

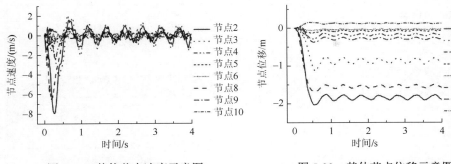

图 5-21　其他节点速度示意图　　　　　　　图 5-22　其他节点位移示意图

5.2.2　结构整体倒塌

冲击使网壳冲击区首先产生凹陷，凹陷范围从冲击区向外扩展，最后扩展到网壳整体，此类失效模式称为结构整体倒塌。以下分别以球面网壳和柱面网壳为例进行分析。结构整体倒塌包括瞬间碰撞倒塌与持续接触倒塌 2 类情况。

1. 瞬间碰撞倒塌

冲击物与网壳经历一次或若干次较短时间的剧烈碰撞，且仅在网壳变形较小时冲击物冲击网壳，但凹陷范围扩展到结构整体，这种整体倒塌类型称为瞬间碰撞倒塌。

网壳模型采用前面介绍的 Kiewitt-8 型单层球面网壳，冲击物竖向冲击网壳顶点，冲击物质量 $m = 1.0 \times 10^4 \text{kg}$，冲击速度 $v = 80 \text{m/s}$。冲击过程见图 5-23。冲击物竖向冲击网壳顶点后立即与网壳分离，在冲击物与网壳冲击区分离后不久，冲击区局部杆件破坏，之后网壳的竖向变形不断发展，最终发生整体倒塌。

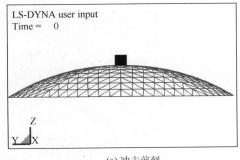
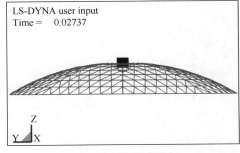

　　　　(a) 冲击前刻　　　　　　　　　　　　(b) 冲击并开始凹陷

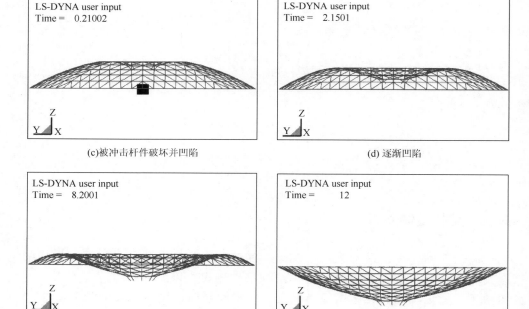

(c)被冲击杆件破坏并凹陷　　　　　　　　　　(d) 逐渐凹陷

(e) 逐渐凹陷　　　　　　　　　　(f) 整体倒塌

图 5-23　冲击过程（图中时间单位为 s）

　　冲击力曲线的形状与结构局部凹陷相似，仍然是半正弦脉冲，而且为短时超强荷载，两者的冲击持时接近，但发生整体倒塌时冲击力峰值明显更大，已经接近 250000kN，因此施加给结构的总冲量更大（图 5-24）。被冲击点（节点 1）与相邻节点（节点 2）的速度变化见图 5-25，也与局部凹陷的情况类似，在冲击瞬间被冲击点速度剧烈改变，但由于冲击持时短，传播范围有限，与之相邻的节点 2 的速度变化很小。冲击荷载结束后，冲击区的局部响应向外传播，被冲击点速度迅速下降，到冲击区破坏时已经降低了近 90%，此时被冲击点与其相邻节点速度已接近。

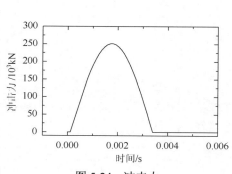

图 5-24　冲击力

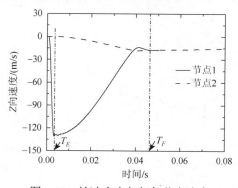

图 5-25　被冲击点与相邻节点速度

　　失效杆件的杆件积分点应力见图 5-26。与局部凹陷的情况类似，均为开始受剪，然后过渡到受弯，并逐渐进入全截面受拉状态，最后受拉破坏，只是由于获得的冲量增加，杆件较早地进入了全截面受拉状态。由于应变率效应，破坏应力接近 800MPa。由被冲击点到支座边缘的其他一系列杆件的应力变化见图 5-27，由于网壳整体倒塌，全部杆件的应力均波动较大，并且所有杆件应力依次达到峰值。

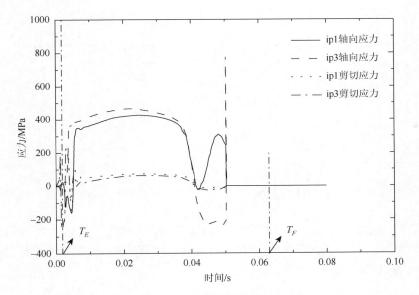

图 5-26　冲击杆件积分点应力

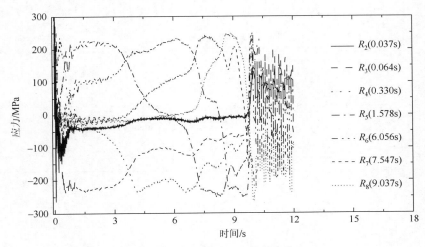

图 5-27　杆件 $R_2 \sim R_8$ 应力变化

　　从被冲击点到支座边缘的节点速度变化见图 5-28。杆件破坏时刻（T_F）节点 2 的速度被带动达到极值；然后，由冲击区到支座的所有节点依次被节点 2 带动达到速度极值；最后，破损后的网壳达到另一平衡位置（整体倒塌），在此位置振动并逐渐趋于稳定。由图 5-28 发现，在整体倒塌时网壳瞬间会产生很强烈的振荡。图 5-29 中节点的位移显示了网壳的倒塌过程，由冲击区到支座，网壳杆件被依次带动，之后在倒塌后的平衡位置附近振动。

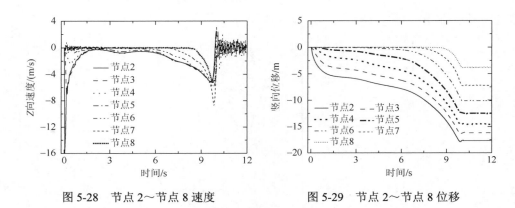

图 5-28　节点 2～节点 8 速度　　　　　　　图 5-29　节点 2～节点 8 位移

　　动能变化见图 5-30，与局部凹陷的情况类似，不同之处是由于冲击物对网壳施加冲量较多，C_1 获得的初始动能更大，因此使得网壳中所有组均获得了较多的动能而引致整体倒塌。

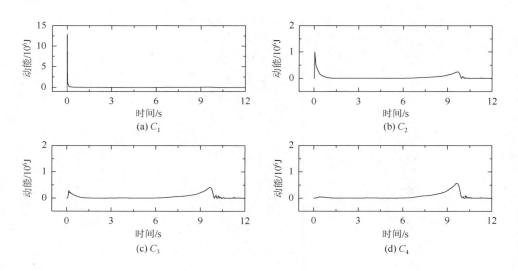

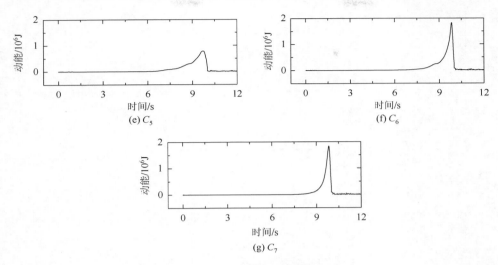

图 5-30　动能分组变化

　　杆件的应变能变化见图 5-31，由于是整体倒塌，所有组的应变能均产生了变化，按照从冲击区到支座的顺序依次增加然后趋于稳定。位能的减少量最后超过了应变能的增长量，见图 5-32，因此在结构出现整体倒塌前动能不断增加（图 5-33）。

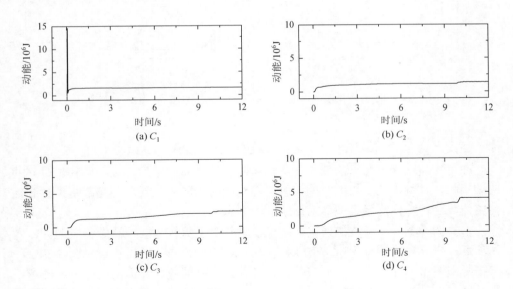

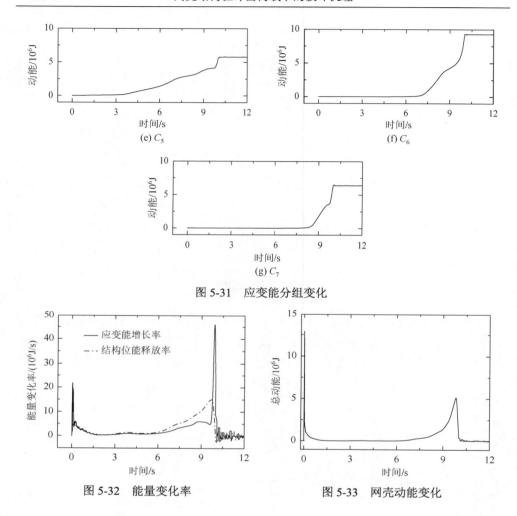

(e) C_5　　　　　　　　　　　　　　　　(f) C_6

(g) C_7

图 5-31　应变能分组变化

图 5-32　能量变化率　　　　　　　　图 5-33　网壳动能变化

2. 持续接触倒塌

　　冲击物与网壳经历一次或若干次较短时间的剧烈碰撞后，又经历较长时间的持续接触，且网壳变形较大时冲击物仍然继续冲击网壳，最后凹陷范围扩展到结构整体，这种整体倒塌类型称为持续接触倒塌。

　　本算例为倒塌后穿透的情况。网壳模型与以上算例相同，冲击物竖向冲击网壳顶点，冲击物质量 $m = 1.0 \times 10^5$kg，冲击速度 $v = 5$m/s。冲击过程见图 5-34。冲击物竖向冲击网壳顶点后，冲击区局部杆件并未立即破坏，但网壳的竖向变形不断发展，而且在向下凹陷的过程中，下落的冲击物还在不断冲击网壳冲击区，持续给网壳传递能量，最终结构发生整体倒塌。网壳发生较大面积凹陷后，冲击区杆件失效，冲击区被穿透。

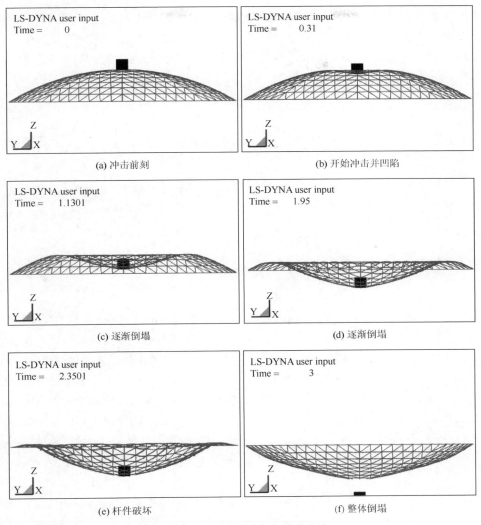

(a) 冲击前刻　　　　　　　　　　　　　(b) 开始冲击并凹陷

(c) 逐渐倒塌　　　　　　　　　　　　　(d) 逐渐倒塌

(e) 杆件破坏　　　　　　　　　　　　　(f) 整体倒塌

图 5-34　冲击过程（图中时间单位为 s）

　　冲击力曲线见图 5-35，与前面的算例不同，在倒塌过程中冲击物不断冲击网壳冲击区，因此荷载的形式不仅只是一个单独的半正弦脉冲，而是由前期几个独立的半正弦脉冲和后期连续的一般动荷载组成的，由于荷载的持续作用，施加给结构的总冲量很多。冲击荷载是短时超强的荷载，而且荷载随时间变化特别快，前期的几个独立的半正弦脉冲符合冲击荷载的特性，冲击荷载特性明显；而后期的动荷载随时间变化相对较慢，冲击荷载的特性不明显。

　　被冲击点（节点 1）与相邻节点（节点 2）的速度变化见图 5-36。由于冲击物的初始质量与速度较小；与结构局部凹陷及瞬间碰撞倒塌相比，冲击过后被冲击点的瞬时速度相对较低；之后带动相邻部分向下运动，被冲击点的速度本应下降，但由于其后不断被冲击物撞击加速，被冲击点速度变化并不大；网壳在未发生穿透破坏前的一段时间内，被冲击点与其相邻节点以十分接近的速度共同向下运动。

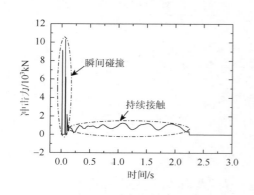

图 5-35　冲击力

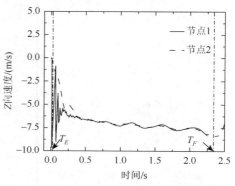

图 5-36　被冲击点与相邻节点速度

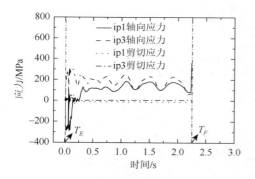

图 5-37　冲击杆件积分点应力

失效杆件的杆件积分点应力见图 5-37。发现与局部凹陷及瞬间碰撞倒塌的情况类似，由受剪、受弯到全截面受拉变化，最后受拉破坏，区别在于由于不断撞击，虽然后期一直全截面受拉，但应力有很明显的波动。由被冲击点到支座边缘的杆件的应力变化见图 5-38。因为网壳整体倒塌，所以全部杆件的应力均波动较大，并且所有杆件应力依次达到峰值，此外可以看出很多杆件的强度还未被充分利用。

节点 2～节点 8 的速度和位移变化分别见图 5-39 和图 5-40，由于被连续冲击，节点 2 能带动所有节点向下运动，网壳最终整体倒塌，由速度曲线可看出在整体倒塌时网壳瞬间产生了很强烈的振荡。

动能变化见图 5-41，与之前的局部凹陷与瞬间碰撞倒塌的不同之处是由于冲击物不断撞击未破坏的冲击区，C_1 不断获得动能并向外传递，因此所有组均获得较多的动能而产生整体倒塌，并在倒塌时产生了振荡。

杆件的应变能变化见图 5-42，由于是整体倒塌，所有组的应变能均产生了变化，按照从冲击区到支座的顺序，依次增加然后趋于稳定。并且不断的撞击使得位能的减少量在较长时间内超过了应变能的增长量（图 5-43）；因此，在结构出现整体倒塌前，动能不断增加（图 5-44）。

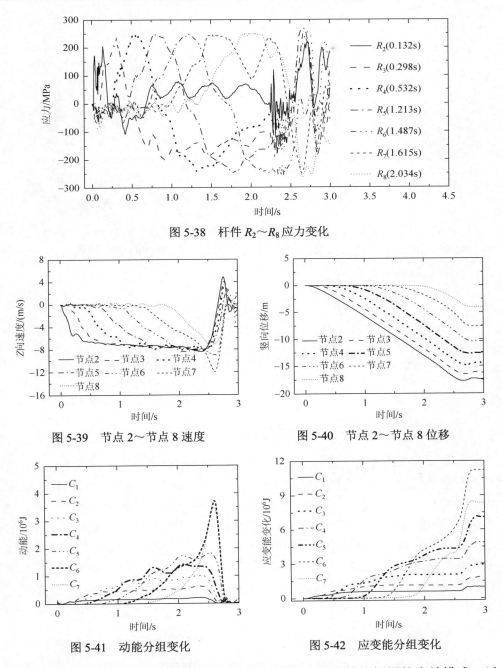

图 5-38　杆件 $R_2 \sim R_8$ 应力变化

图 5-39　节点 2～节点 8 速度

图 5-40　节点 2～节点 8 位移

图 5-41　动能分组变化

图 5-42　应变能分组变化

　　单层柱面网壳在冲击荷载作用下也有可能发生持续接触倒塌的失效模式，以冲击物竖向冲击网壳节点 1 为例，冲击物质量 $m = 5.0 \times 10^4 \mathrm{kg}$，冲击速度 $v = 10\mathrm{m/s}$，发生双向（跨度方向与纵向）的整体倒塌。

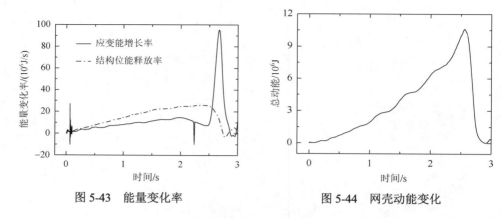

图 5-43　能量变化率　　　　　　　　　　图 5-44　网壳动能变化

　　冲击过程中结构的变形发展如图 5-45 所示。结构变形以冲击点为中心，逐渐向外扩散，首先沿跨度方向发生整体倒塌，而后沿长度方向的变形继续发展，最终形成双向整体倒塌。

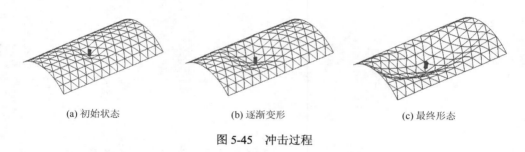

(a) 初始状态　　　　　　　　(b) 逐渐变形　　　　　　　　(c) 最终形态

图 5-45　冲击过程

　　与局部凹陷的算例相比，此工况下冲击作用持时较长，为 1.5s 左右。由冲击力时程曲线可知，冲击力峰值最初较大，但再次冲击时不断衰减，直至约 0.3s 后冲击力趋于稳定，但由于长时间冲击，施加于结构的总冲量较多，以至于结构发生整体倒塌，冲击力见图 5-46。被冲击点及其相邻节点速度时程曲线如图 5-47 所示，最初约 0.3s 内，被冲击节点 1 速度不断振荡，而其相邻节点 2 和节点 3 速度发展相对滞后，速度变化特征与结构局部凹陷的情况相似。至 1.5s 左右，三点速度均接近于 0。结构的一些其他响应与以上算例类似，不再赘述。

5.2.3　结构冲切破坏

　　冲击物与网壳经一次剧烈碰撞后，冲击区结构发生冲切破坏，$T_E = T_F$，除冲击区结构冲切破坏外，结构无明显变形，此类失效模式称为结构冲切破坏。以下分别以球面网壳和柱面网壳为例进行分析。

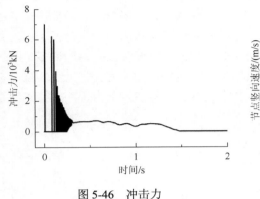

图 5-46　冲击力

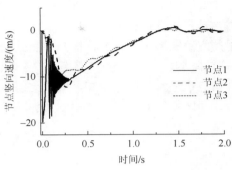

图 5-47　被冲击点与相邻节点速度

1. 典型算例一

Kiewitt-8 型单层球面网壳与前述相同，冲击物竖向冲击网壳顶点，冲击物质量 $m = 1.0 \times 10^5 \text{kg}$，冲击速度 $v = 300 \text{m/s}$。冲击过程见图 5-48。由于冲击速度非常大，被冲击的杆件在冲击发生的瞬间即断裂破坏，该破坏对周围区域影响不大，除杆件失效外，网壳整体未产生明显凹陷。

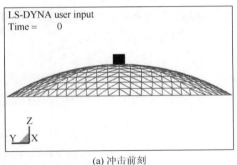

(a) 冲击前刻

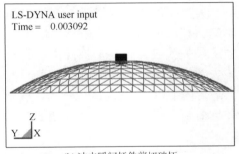

(b) 冲击瞬间杆件剪切破坏

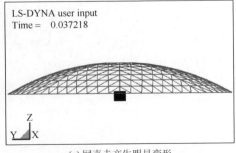

(c) 网壳未产生明显变形

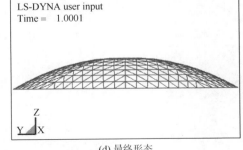

(d) 最终形态

图 5-48　冲击过程

冲击力曲线如图 5-49 所示。由于冲击物冲击网壳后，还未与网壳冲击区分离时被冲击的杆件就已经破坏，因此，冲击荷载的形式与前两种失效模式不同，并不是完整的半正弦脉冲，而是半正弦脉冲的一部分；峰值明显高出了许多，冲击持时却更短。被冲击点（节点 1）与相邻节点（节点 2）的速度变化见图 5-50。被冲击点速度瞬间达到很高，峰值比前两种模式要高出很多，但由于冲击持时特别短，与之相邻的节点 2 的速度几乎没有任何变化。

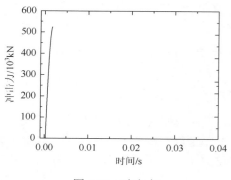

图 5-49　冲击力

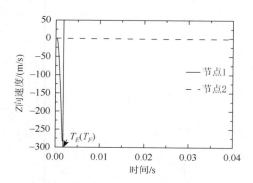

图 5-50　被冲击点与相邻节点速度

失效杆件的杆件积分点应力见图 5-51。发现与局部凹陷及整体倒塌的情况不同，杆件剪切应力大于轴向应力，在受剪阶段即发生剪切破坏，由于应变率效应，失效应力较高。被冲击点到支座边缘的其他杆件的应力变化见图 5-52，该失效模式中与之相邻的杆件受冲击影响都很小，杆件的应力较小。同理，与其最近的节点 2 的速度也不大，其他节点更小，网壳在原始位置附近小幅振动并逐渐趋于稳定（图 5-53 和图 5-54）。

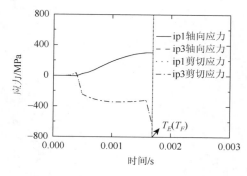

图 5-51　冲击杆件积分点应力

ip1 与 ip3 轴向应力与剪切应力相同

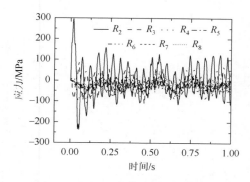

图 5-52　杆件 $R_2 \sim R_8$ 应力变化示意图

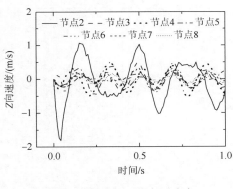

图 5-53　节点 2～节点 8 速度　　　　　　　图 5-54　节点 2～节点 8 位移

　　动能变化见图 5-55，与前两种失效模式的不同之处是冲击区 C_1 中的杆件在被撞击瞬间破坏，使得结构获得的动能大部分因杆件失效而被失效的杆件带走，传递到其余部分的能量很少，所以除被冲击杆件失效外，网壳其余部分未出现明显变形。杆件的应变能变化见图 5-56，冲击瞬间 C_1 获得的应变能很多，但多数应变能都由于瞬间破坏而损失，因此网壳杆件失效后的每组应变能都增加很少。之后网壳主体结构小幅振动，位能的减少量与应变能的增长量接近（图 5-57）；所以总动能几乎没有任何变化，只是在被冲击的瞬间突增，而在失效的瞬间骤减（图 5-58）。

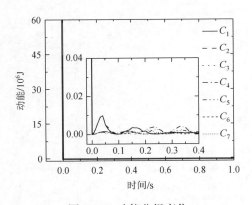

图 5-55　动能分组变化　　　　　　　　图 5-56　应变能分组变化

　　短程线型与肋环斜杆型球面网壳发生结构冲切破坏的算例特征响应类似，不再重复叙述，结构冲击破坏过程与应力云图变化见图 5-59。

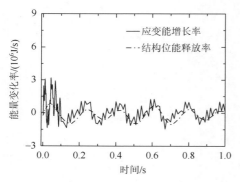

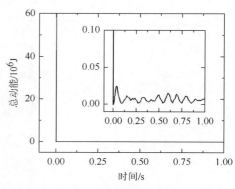

图 5-57　能量变化率　　　　　　　　　图 5-58　总动能变化

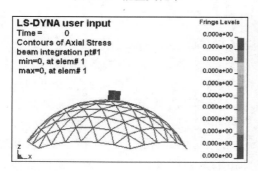

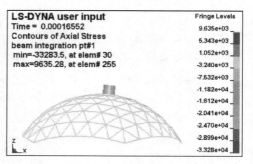

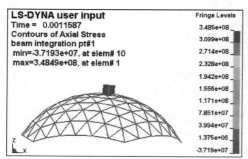

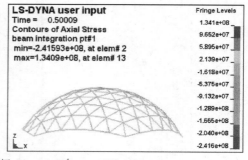

(a) 短程线型球面网壳杆件剪切破坏（$m = 1.0 \times 10^5 \mathrm{kg}$，$v = 300 \mathrm{m/s}$）

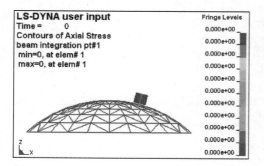

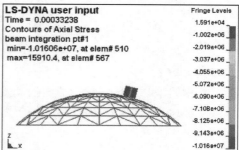

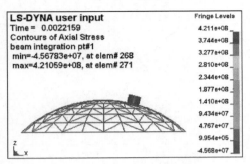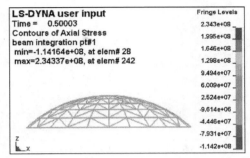

(b) 肋环斜杆型球面网壳杆件剪切破坏（$m = 1.0×10^5$kg，$v = 300$m/s）

图 5-59　短程线型及肋环斜杆型球面网壳冲击失效过程（图中时间单位为 s）

2. 典型算例二

单层柱面网壳在冲击荷载下也会发生结构冲切破坏的失效模式。本算例中冲击物竖向冲击网壳节点 1，冲击物质量 $m = 1.0×10^4$kg，冲击速度 $v = 400$m/s。

结构冲击过程如图 5-60 所示，由于冲击物速度极高，网壳瞬间被穿透破坏，被冲击杆件全部断裂，而网壳其他部分几乎没有明显变形。冲击力时程曲线如图 5-61 所示，冲击物与网壳仅发生一次接触，冲击力曲线为不完整的半个正弦波，在 0.0019s 时由于冲击区杆件断裂，冲击物脱离网壳，冲击力结束。

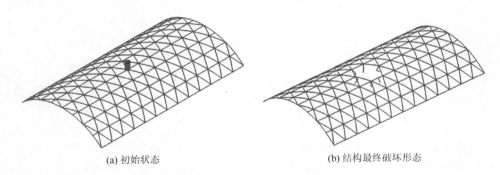

(a) 初始状态　　　　　　　　　　　　　　(b) 结构最终破坏形态

图 5-60　冲击过程

被冲击点及其相邻节点速度变化如图 5-62 所示，由于冲击作用，被冲击点速度瞬间发展至极大值，由于杆件瞬间失效，与节点 1 相邻的节点 2 速度始终较小。冲击荷载作用下杆件 R_1 失效，其应力时程曲线如图 5-63 所示，同样，杆件失效时的剪切应力与轴向应力接近，而且在杆件失效前的大部分时间内，剪切应力大于轴向应力，杆件的剪切应力是导致杆件剪切破坏的主要原因之一。其他杆件应力变化见图 5-64，除被冲击断裂的杆件外，其他杆件应力普遍偏小，杆件 R_2 与 R_8 分别与冲击区杆件 R_1 和 R_7 相连，最初应力偏大，但最终也降低至较低水平。

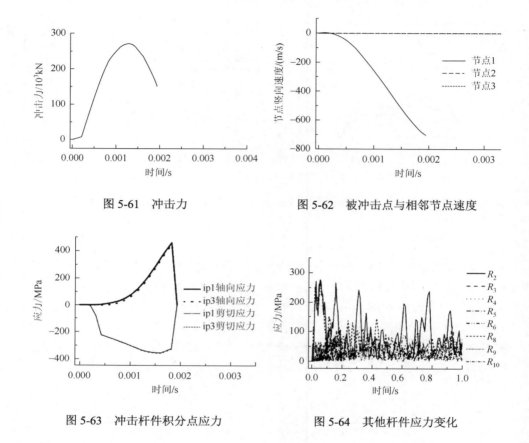

图 5-61　冲击力　　　　　　　　　图 5-62　被冲击点与相邻节点速度

图 5-63　冲击杆件积分点应力　　　　图 5-64　其他杆件应力变化

5.3　网壳结构的冲击失效机理分析

网壳结构遭受冲击作用时共有上述三种失效模式,而在何种情况下会出现何种失效模式、为什么会出现这种失效模式是我们关心的问题。在前面的算例中,网壳结构被冲击的是局部区域,却为何由局部小范围的破坏导致了大面积的倒塌呢?这种可归类为结构连续倒塌的发生机制更是我们需要理解并应在工程中竭力避免的问题。如前所述,结构的连续倒塌问题已经受到国内外学者的广泛关注,对于常规框架结构,发生连续倒塌的原因多是关键构件的破坏,但本书的研究对象网壳结构冗余度很多,也不存在关键构件,所以本书以能量传递与转换为研究主线,尝试从能量的角度来阐述网壳的失效机理。

从对失效模式现象的描述中可以发现,结构整体倒塌与结构局部凹陷的冲击力与结构响应都类似,只是在数值上有差异,结构整体倒塌更像是结构局部凹陷的特例;而结构冲切破坏与上两种失效模式表现不同,是大荷载产生小变形,冲击力时程不同，比较特殊。因此，本节先将它们分开，分别从结构局部凹陷（整体倒塌）与结构冲切破坏两个方面介绍网壳的失效机理。

5.3.1　冲击过程的划分

按照能量原理，从网壳受冲击开始到网壳出现最大动力响应的全过程可以分为三个阶段：冲量施加、能量传递、能量转化与消耗。这三个阶段并不是完全独立的，例如，在冲量施加的同时伴随能量传递，能量转化与消耗也同时进行着，但这个过程中始终以冲量施加为主。本节以结构整体倒塌中的瞬间碰撞倒塌（$m = 1.0 \times 10^4$kg，$v = 80$m/s）为例，介绍三个失效过程。

依据两个关键时刻将冲击荷载图示划分为三个部分，见图 5-65。

（1）冲量施加：从冲击物接触网壳冲击区到冲击物与网壳冲击区分离为冲量施加的时间，在这段时间内冲击物施加冲量给网壳；冲量施加的结果主要以动能的形式展示出来，网壳冲击区在短时间内获取了较多的动能，但由于冲击持时很短，非冲击区的响应并不明显。

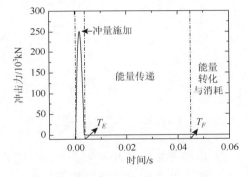

图 5-65　全过程划分

（2）能量传递：从冲击荷载结束到冲击区杆件破坏为能量传递时间，在这段时间内冲击区的能量（主要是动能）向非冲击区传递，网壳非冲击区的动力响应开始显著增加，结构凹陷量不断增大，在这一阶段结束时冲击区杆件出现失效。失效的冲击区仍然具有较多的能量，但是由于这部分杆件已经脱离整体结构，能量并不能使网壳响应继续增加。因此，在这个过程中传递的能量是决定网壳最终变形量（破坏模式）的主要因素。

（3）能量转化与消耗：从冲击区杆件失效到结构达到最大动力响应为能量转化与消耗阶段，杆件失效后由于残余网壳的节点仍然存在一定的速度，结构继续凹陷；在凹陷过程中屋面的重力位能不断释放，转化为网壳的动能或者杆件的应变能，直至达到最终的平衡位置。

一次冲击失效情况下，网壳受冲击荷载的上述三个阶段的划分比较明显，但也有少数算例略显不同。

当发生结构冲切破坏时，冲击荷载结束时杆件因剪切而失效，即荷载结束与 T_F 为同一时刻，这样网壳就没有独立的能量传递时间，仅在冲量施加阶段伴随有少许的能量传递，网壳非冲击区获得的能量特别少，因此结构最终的动力响应也很少（图 5-66）。

当发生持续接触倒塌时情况也有所不同（图 5-67）。开始网壳承受的是冲击荷载，但由于冲击区杆件不破坏，网壳与冲击物一直不断发生碰撞，后期会有连续不断的一般动荷载作用，不断给结构施加冲量，直至结构发生倒塌。因此，在较长的能量传递过程中，不断冲击伴随着冲量施加，同时伴随着能量转化与消耗。

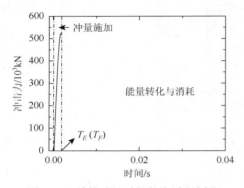

图 5-66　结构冲切破坏的全过程划分

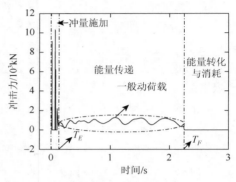

图 5-67　持续接触倒塌的全过程划分

5.3.2　结构整体倒塌机理

由网壳结构的冲击失效过程与动力响应可知，结构整体倒塌是结构局部凹陷的特例，两者的失效模式也可以认为是程度的不同，本节先以结构整体倒塌为例阐述其失效机理。

以结构瞬间碰撞倒塌为例，网壳模型为 Kiewitt-8 型单层球面网壳，冲击物竖向冲击顶点，冲击物质量 $m = 1.0 \times 10^4$ kg，冲击速度 $v = 80$ m/s。从冲击开始到结构整体倒塌，网壳结构的变形和应力发展过程见图 5-68。由图 5-68 可以看出，网壳未发生倒塌部分的杆件应力变化不大；倒塌部分的应力波动很小，比较稳定；只有正在倒塌部分的应力会发生显著变化，在开始发生倒塌时应力激增，但当下一环开始倒塌时，已经倒塌部分的应力不会出现太大变化，只是在小范围内不断波动。

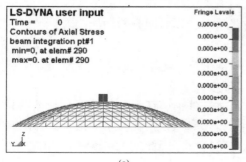

(a)

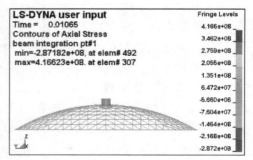

(b)

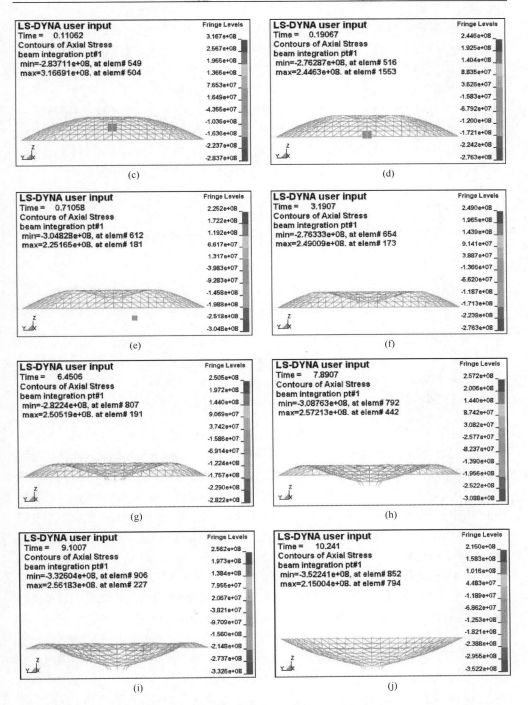

图 5-68　倒塌过程的应力云图（图中时间单位为 s）

　　网壳受冲击及后期倒塌过程中的速度发展见图 5-69，由于是顶点竖向冲击，每环节点的竖向速度都相同。在冲击荷载结束时，被冲击点的速度达到极值，其他节点的速度较小，杆件破坏时，与冲击区相邻的一环速度较大；杆件破坏后未破坏部分在倒塌部分的带动下速度依次增大，而且在前一环速度达到极值后，下一环速度开始明显增加。以上现象说明网壳由被冲击点到网壳支座是逐环凹陷的。在 10s 左右网壳发生了整体倒塌，此时所有节点的速度均出现振荡，结合图 5-68 的应力变化发现，此刻刚好网壳倒塌后达到整体凹陷的位置，但此时结构仍然有向下的速度，在向下运动过程中，网壳杆件的拉应力瞬间增加，由于巨大拉应力节点速度又瞬间反向变化。

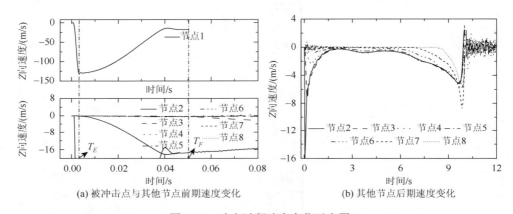

(a) 被冲击点与其他节点前期速度变化　　　(b) 其他节点后期速度变化

图 5-69　冲击过程速度变化示意图

　　结构各个部分的应变能变化见图 5-70。在每一环倒塌时应变能都会突增，随着该环倒塌完成，能量趋于稳定，在其稳定后下一环开始倒塌时再出现能量突增，依次类推，直至结构整体发生倒塌；结构在倒塌后的平衡位置处发生振荡，振荡时网壳整体应变能瞬间增大。结构在倒塌的过程中重力位能不断减少，减少的重力位能转化为结构向下倒塌的动能与网壳杆件变形的应变能。如果减少的位能大于杆件继续倒塌变形所需要的应变能，则网壳加速倒塌；但如果减少的位能小于网壳继续倒塌所需的应变能，则网壳减速倒塌。网壳刚开始倒塌时，由于已经倒塌部分的质量较少，位能减少量很少，减少的位能小于继续倒塌所需要的应变能，此时网壳的动能减少，倒塌减速进行；随着倒塌进行，倒塌部分的质量增加，继续倒塌时位能大幅度降低，减少的位能大于继续倒塌所需的应变能，多余的能量转化为动能，网壳加速倒塌。把以上结论总结为结构整体应变能与位能的变化率图（图 5-71），开始倒塌时应变能的增长超过位能减少量，因此网壳减速倒塌，但随着倒塌质量的增多，应变能增长量小于位能减少量，网壳加速倒塌。随着倒塌不断进行，网壳倒塌的质量不断增多，位能减少量不断上升；网壳的每一环依次倒塌，因此所需的应变能有限；只要网壳受冲击后所得的初始动能足够多，网壳就会进入位能释放率超过应变能增长率的阶段，发生连续倒塌。

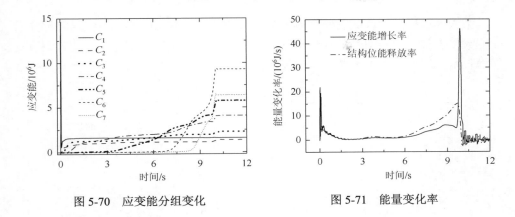

图 5-70　应变能分组变化　　　　　图 5-71　能量变化率

5.3.3　结构局部凹陷机理

然而，如果网壳获取的初始动能较少，在进入位能释放率超过应变能增长率这一阶段之前，网壳初始动能全部转化为应变能后，倒塌即中止，对于结构整体来说就是局部凹陷的破坏模式了。例如，对于 Kiewitt-8 型单层球面网壳，冲击物竖向冲击顶点，冲击物质量 $m = 1.0 \times 10^4$ kg，冲击速度 $v = 60$ m/s，应力发展过程见图 5-72。

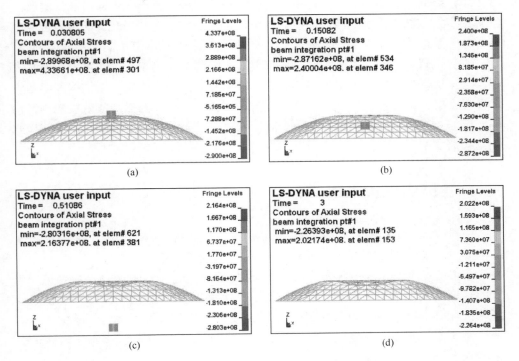

图 5-72　局部凹陷过程的应力云图（图中时间单位为 s）

结构内每环的能量发展变化见图 5-73，能量变化率见图 5-74。凹陷的部分应变能大量增长，而未凹陷的部分应变能则变化不多。在位能减少量可能大于应变能增长量前网壳停止了运动，结构仅产生局部凹陷。

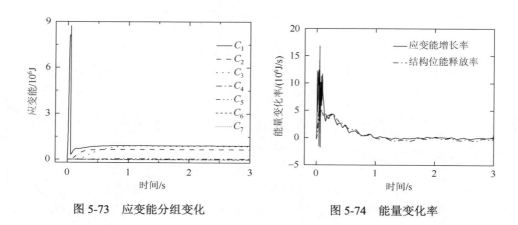

图 5-73　应变能分组变化　　　　　　　图 5-74　能量变化率

综上，网壳结构的连续倒塌机理可以简述如下：冲击导致网壳结构冲击区速度骤增，获取一定的初始动能，诱发网壳结构的运动及变形；由冲击区到支座，结构逐步发生倒塌，倒塌消耗的能量少于初始动能与结构倒塌减少的重力位能之和时，倒塌继续进行，否则倒塌停止。一些网壳结构（如本书中的单层球面网壳）存在临界位置，当倒塌部分超过临界位置后，结构继续倒塌减少的重力位能必大于继续倒塌消耗的能量，倒塌持续加速，直至整体倒塌。因此，当结构获取初始动能较多时，倒塌部分能够超过临界位置，结构发生连续倒塌，失效模式为结构整体倒塌；当结构获取初始动能较少时，倒塌进行到临界位置前停止，失效模式为结构局部凹陷。

5.3.4　结构冲切破坏机理

仍以 Kiewitt-8 型单层球面网壳为例，冲击物竖向冲击顶点，冲击物质量 $m = 1.0 \times 10^5 \text{kg}$，冲击速度 $v = 300\text{m/s}$。冲击过程见图 5-75。

节点的速度变化见图 5-76。由于冲击物的质量与速度都很大，所以使被冲击点的速度瞬间剧增，杆件瞬间断裂，冲击力也就结束了；由于冲击持时很短，杆件破坏时与被冲击点相邻的节点 2 的速度并未产生太大变化，而其他节点的速度则更小，只是在平衡位置附近振动，这也说明网壳结构仅获得了较少的外部输入能量。

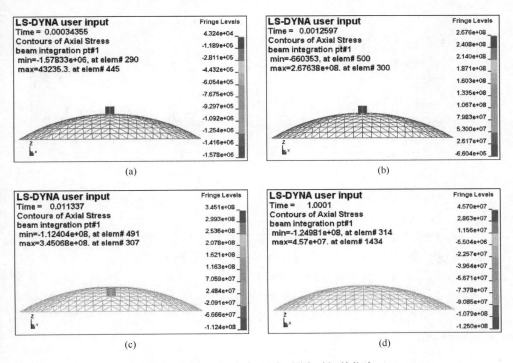

图 5-75　冲击过程的应力云图（图中时间单位为 s）

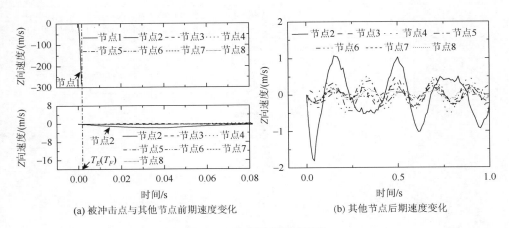

(a) 被冲击点与其他节点前期速度变化　　　(b) 其他节点后期速度变化

图 5-76　冲击过程速度变化

网壳应变能的变化见图 5-77，可以看出每部分的应变能依次增加并达到稳定，而位能的释放率始终未能超过应变能增长率（图 5-78），所以网壳仅被冲击的第一环杆件发生剪切破坏，结构整体变形很小，仅限于第一环。

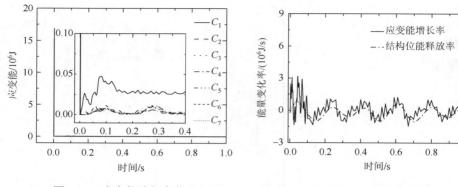

图 5-77　应变能分组变化　　　　　　　图 5-78　能量变化率

三种失效模式下网壳结构对应的能量传递见表 5-2。可以发现引起网壳变形的能量主要来源于两部分，一部分是冲击物传递给网壳的能量，另一部分是网壳自身在变形过程中减少的结构位能。而网壳在变形过程中由于发生穿透破坏，失效的冲击区会带走一部分能量，网壳获得的能量与损失能量之差是引起网壳变形的能量。网壳杆件断裂（穿透）发生得越迟，网壳自身重力位能的减少量越多，越容易导致网壳发生整体倒塌。

表 5-2　能量变化

失效模式	冲击条件	网壳获得的总冲击能量/10^6J	结构位能减少量/10^6J	冲击区杆件损失的能量/10^6J	引起网壳变形的能量/10^6J
结构局部凹陷	$m=1.0\times10^4$kg，$v=60$m/s	10.21	1.08	2.99	8.30
结构整体倒塌（瞬间碰撞倒塌）	$m=1.0\times10^4$kg，$v=80$m/s	18.01	31.20	5.48	43.73
结构整体倒塌（持续接触倒塌）	$m=1.0\times10^5$kg，$v=5$m/s	13.26（多次）	33.50	0.15	46.61
结构冲切破坏	$m=1.0\times10^5$kg，$v=300$m/s	60.10	0.0004	60.10	0.0004

5.4　网壳结构失效模式的分布规律及冲击能量影响

选取本章跨度为 60m、矢跨比为 1/7 的 K8 单层球面网壳为研究对象，屋面荷载为 1200N/m²。现实中冲击荷载的变化范围十分大，因为冲击荷载虽然是偶然荷载，导致其产生的因素却很多：有质量为几吨到几十吨或速度超过 100m/s 甚至超过声速的导弹；也有质量为几十吨到几百吨的客机、速度达到声速的战机；一些因施工中的失误而产生的冲击荷载，质量可能只有几百千克到几吨，速度也相对较小；还有外来飞射物等众多不确定因素产生的冲击荷载，则难以具体估计。所以本书冲击荷载取值的原则如下：在结构响应存在明显变化的前提下，尽量涵盖上述范围，具体方案见表 5-3。

表 5-3　冲击物参数分析方案

质量变化/10^3kg	0.1，1，5，10，20，50，100，200，300
速度变化范围/(m/s)	5，10，20，30，40，50，60，70，80，90，100，200，300，400

5.4.1　失效模式的分布规律

应用前面建立的基于 ANSYS/LS-DYNA 的计算模型，对变化冲击物的质量与速度进行参数分析，得到网壳凹陷范围随冲击物质量与速度的变化情况，见表 5-4，网壳的失效模式分布见图 5-79。我们可以发现网壳在低速高质量区域出现 8 环凹陷的持续接触倒塌情况，而在中速冲击时出现 8 环凹陷的瞬间碰撞倒塌情况。而且除持续接触倒塌的局部区域外，网壳变形呈现 1—2—3—4—8—4—3—2—1 的变化趋势，但 5、6、7 环凹陷的情况尚未出现。

表 5-4　结构上的凹陷范围分布

速度/(m/s)	质量/10^3kg								
	0.1	1	5	10	20	50	100	200	300
5		1	1	1	4	8	8	8	8
10		1	1	2	8	3	3	3	3
20		1	1	2	2	2	2	2	2
30	1	1	2	2	2	2	2	2	2
40	1	1	2	2	2	3	3	3	3
50	1	2	2	4	4	4	4	4	4
60	1	2	3	4	4	4	4	4	4
70	1	2	4	4	4	8	8	8	8
80	1	4	4	8	4	4	4	4	4
90	2	4	4	4	4	4	4	4	4
100	2	4	8	3	3	3	3	3	3
200	2	3	2	2	1	1	1	1	1
300	2	2	1	1	1	1	1	1	1
400	2	2	1	1	1	1	1	1	1

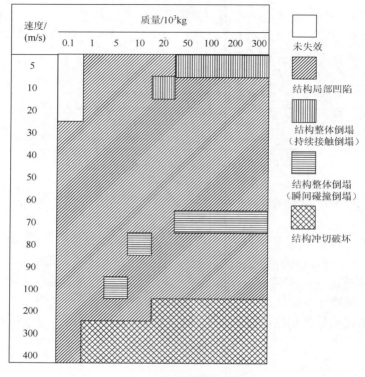

图 5-79　失效模式分布

　　无论从凹陷范围分布表还是从失效模式分布图中，均无法分析出冲击物的初始质量、速度与结构最大竖向位移或者失效模式之间的关系。因为在求解时，已知条件为冲击物的初始速度与质量，而由于网壳会产生穿透性破坏，初始的冲击质量与速度及由其计算出的冲量与动能（E）或者动量（I）并未完全作用于网壳。所以结构的最终动力响应与荷载初始条件间的关系很难建立，这一点从图 5-80 中

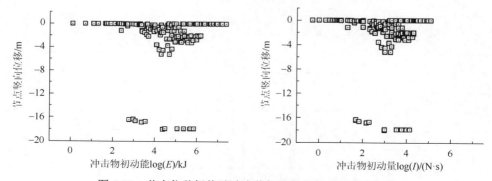

图 5-80　节点位移极值随冲击物初动能与初动量变化规律

可以明显看出。但是在理论上网壳的最
大动力响应/失效模式应该与网壳获取的
总冲击能量（E_{TK}）有较好的对应关系。
图 5-81 的结果也很好地证明了这一点。

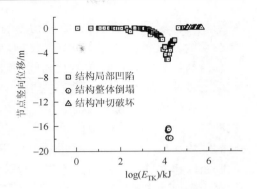

因为节点 1 可能出现破坏并脱离主
体结构，所以图中考察的是节点 2 的竖
向位移极值变化。随着网壳获取的总冲
击能量（E_{TK}）增大，结构竖向位移增大，
当 12.6kJ<E_{TK}<18.2kJ 时，由于结构发
生整体倒塌，结构竖向位移突增，出现
动力失稳现象。但当 E_{TK}>104.8kJ 时，

图 5-81　节点位移极值随网壳获取
总冲击能量变化规律

在冲击位置发生突然剪切破坏，结构位移反而突然变小。随着网壳获取的总冲
击能量（E_{TK}）增大，结构表现出的失效模式变化是：结构局部凹陷—结构整体
倒塌—结构局部凹陷—结构冲切破坏。

当 12.6kJ<E_{TK}<18.2kJ 时，网壳结构的竖向位移急速增加，结构发生整体倒塌，
其中持续接触倒塌是因为持续的荷载作用，导致网壳获取了较多的能量，而瞬间碰
撞倒塌是由于一次冲击荷载峰值较大，网壳获取了较多的能量；但当 E_{TK}>104.8kJ
时，竖向位移反而突然变小。可见 12.6kJ<E_{TK}<18.2kJ 对于所研究的网壳而言，
是极危险的区域。

E_{TK} 与结构最终动力响应间有较好的规律性，而结构最终动力响应又是失效
模式的划分标准。因此，E_{TK} 也可以用来判别网壳的失效模式，失效模式与 E_{TK}
的对应关系见图 5-82。

图 5-82　失效模式与 E_{TK} 的对应关系

5.4.2　冲击物初动能对失效模式的影响

网壳结构的最大动力响应/失效模式与其获取的总冲击能量（E_{TK}）之间有较

好的规律性联系，但与冲击物的初始条件间缺乏规律性联系。如果能够建立冲击物初动能与网壳获取的总冲击能量（E_{TK}）之间的规律性联系，则可以得到冲击物初动能与最大动力响应/失效模式间的对应关系。可见，由冲击物初动能得出网壳获取的总冲击能量（E_{TK}）是关键的一步。

　　网壳结构冲击破坏过程中存在多次冲击与一次冲击两种情况，见图 5-83。一次冲击情况下，网壳获取的总冲击能量就是第一次冲击结束时刻（T_E）时网壳获得的能量（E_{FTK}），相对易于获得，如果能够建立 E_{FTK} 与冲击初始条件间的规律性联系即建立了冲击初始条件与结构最大动力响应/失效模式间的规律性联系。但是对于多次冲击的情况，是否会发生多次冲击与冲击物的反弹方向、反弹速度及结构的变形发展等因素相关，随机性比较强，此种情况下网壳获取的总冲击能量（E_{TK}）很难预测，因此本节不做讨论。

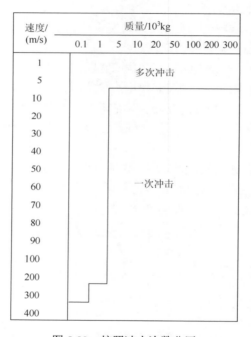

图 5-83　按照冲击次数分区

　　基于冲击作用的特点，第一次冲击后网壳获得的能量（E_{FTK}）以动能为主，冲击过程持续时间很短，在此过程中不考虑外力影响，认为只有体系内力——冲击力作用，则系统动量与动能守恒。

动量守恒：
$$m_w v_0 = m_w v_w + P_D \tag{5-2}$$

能量守恒：
$$\frac{1}{2} m_w v_0^2 = \frac{1}{2} m_w v_w^2 + E_D \tag{5-3}$$

式中，v_0 为冲击物初速度；v_w 为冲击力结束时冲击物速度；m_w 为冲击物质量；P_D 为冲击力结束时网壳的动量；E_D 为冲击力结束时网壳的动能。

P_D、E_D 精确的表达式很烦琐。如果可以用单个质点的动量与动能表示，则可以简化式（5-2）和式（5-3）。

当冲击物质量 $m = 1.0 \times 10^4 \mathrm{kg}$，冲击速度 $v = 80 \mathrm{m/s}$ 时，结构会出现最为严重的倒塌破坏，第一个完整的冲击过程结束时节点 1 和节点 2 的动力响应见表 5-5。

表 5-5　冲击过程结束时节点 1 和节点 2 的动力响应（$m = 1.0 \times 10^4 \mathrm{kg}$，$v = 80 \mathrm{m/s}$）

节点	竖向位移/m	竖向速度/(m/s)	竖向加速度/(m/s²)
1（冲击区内）	-2.29×10^{-1}	-1.30×10^2	3.09×10^3
2（临近冲击区的节点）	-1.71×10^{-4}	-1.41×10^{-2}	45.55

此时杆件应力 $\sigma_{R_1} = 292.25 \mathrm{MPa}$，已经进入塑性；而与之相邻的杆件应力 $\sigma_{R_2} = 28.75 \mathrm{MPa}$。由节点与杆件的动力响应可以发现：第一个完整的冲击过程结束时，仅冲击物直接接触的区域（冲击区，见图 5-84）产生较大的动力响应，其他区域动力响应极小，可以忽略。

在近似计算第一次冲击力结束时的 P_D 与 E_D 时，动力响应极小的非冲击区部分可以近似忽略。P_D 与 E_D 近似等于冲击区范围内的动量与动能。

因为冲击过程往往发生在瞬间，在这段时间内可以假定在结构冲击区内，速度之比等于位移之比。在此假定的基础上，将结构冲击区内冲击点外的质量折算为冲击点的折

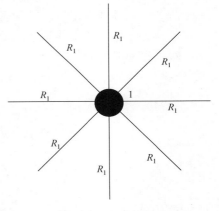

图 5-84　冲击区示意图

算质量。计算原则是：按折算质量计算的动能与按实际分布质量计算的动能相同。所以此后在计算结构冲击荷载下的动力响应时，冲击区的质量可以用冲击区在冲击点的折算质量（m_{IR}）替代。

图 5-84 所示的网壳冲击区可以理解为 4 个中点相交的折线梁，并且在中点处有一集中质量，则冲击区的折算质量：$m_{IR} = m_1 + 4 \times m_R$，其中，$m_1$ 是网壳顶点的集中质量（考虑屋面荷载）；m_R 是折线梁在中点的折算质量。

折线梁在中点处受冲击，梁两端固接，竖直冲击网壳顶点，其折算质量的计算方法如下：

$$m_R = \int_0^{l\cos(\alpha)} 2q\left(\frac{v_x}{v_1}\right)^2 dx = \int_0^{l\cos(\alpha)} 2q\left(\frac{y}{y_1}\right)^2 dx = 0.42ql\cos\alpha \qquad (5\text{-}4)$$

则网壳结构的折算质量为

$$m_{IR} = m_1 + 4m_R = m_1 + 4 \times 0.42ql\cos\alpha = m_1 + 1.68ql\cos\alpha \qquad (5\text{-}5)$$

经计算，网壳冲击区的折算质量为 $m_{IR} = 1501.01\text{kg}$，此处 q 与 α 按网壳冲击区的实际情况取值。在已知冲击物质量与速度的条件下，求得被冲击物的冲击区在冲击点的折算质量，则方程（5-2）和方程（5-3）可以分别简化为式（5-6）和式（5-7）：

$$m_w v_0 = m_w v_w + m_{IR} v_R \qquad (5\text{-}6)$$

$$\frac{1}{2}m_w v_0^2 = \frac{1}{2}m_w v_w^2 + \frac{1}{2}m_{IR} v_R^2 \qquad (5\text{-}7)$$

从式（5-2）、式（5-3）到式（5-6）、式（5-7）实现了用单个质点的动量与动能方程替代烦琐的 P_D、E_D 精确表达式的目的。这一替代主要经历了两个过程：①第一次冲击影响范围的确定；②冲击区折算质量的计算。

第一次冲击力结束时顶点产生的瞬时速度称为顶点响应速度（v_R）。由式（5-6）、式（5-7）可以得出 v_R 的理论公式：

$$v_R = \frac{2m_w}{m_w + m_{IR}}v_0 = 2\left(1 + \frac{m_{IR}}{m_w}\right)^{-1}v_0 = Kv_0 \qquad (5\text{-}8)$$

$$K = 2\left(1 + \frac{m_{IR}}{m_w}\right)^{-1} \qquad (5\text{-}9)$$

式中，$m_{IR} = m_1 + 1.68ql\cos\alpha$；$K$ 为速度响应系数。

速度响应系数 K 表示第一次冲击结束后网壳 v_R 理论值与初始冲击速度 v_0 之间的关系，由冲击区在冲击点的折算质量 m_{IR} 和冲击物质量 m_w 的比值决定。不同冲击质量对应的 K 见表 5-6。

表 5-6　速度响应系数 K

$m_w/10^3\text{kg}$	0.1	1	5	10	20	50	100	200	300
K	0.125	0.88	1.60	1.77	1.88	1.95	1.98	1.99	1.99

可以求得网壳因第一次冲击获得的能量（第一次冲击获得的动能），即一次冲击失效情况下网壳获得的总冲击能量为

$$E_{\mathrm{TK}} = E_{\mathrm{FTK}} = \frac{1}{2}m_{\mathrm{IR}}v_{\mathrm{R}}^2$$

$$= \frac{1}{2}m_{\mathrm{IR}}\left(\frac{2m_{\mathrm{w}}}{m_{\mathrm{w}}+m_{\mathrm{IR}}}v_0\right)^2$$

$$= \frac{1}{2}m_{\mathrm{w}}v_0^2 \times 4\left(\sqrt{\frac{m_{\mathrm{w}}}{m_{\mathrm{IR}}}}+\sqrt{\frac{m_{\mathrm{IR}}}{m_{\mathrm{w}}}}\right)^{-2} \qquad (5\text{-}10)$$

$$= E \times 4\left(\sqrt{\frac{m_{\mathrm{w}}}{m_{\mathrm{IR}}}}+\sqrt{\frac{m_{\mathrm{IR}}}{m_{\mathrm{w}}}}\right)^{-2}$$

式中，E 为冲击物初始动能；E_{TK} 为网壳获取的总冲击能量；E_{FTK} 为网壳因第一次冲击获得的动能；m_{w} 为冲击物质量；m_{IR} 为冲击区折算质量。

φ 为冲击时的动能传递系数，与冲击物质量及被冲击物冲击区的折算质量比有关（式（5-11））。比值为 1 时动能传递率达到极值，为 100%，所研究网壳随冲击质量变化的动能传递系数见表 5-7。

$$\varphi = 4\left(\sqrt{\frac{m_{\mathrm{w}}}{m_{\mathrm{IR}}}}+\sqrt{\frac{m_{\mathrm{IR}}}{m_{\mathrm{w}}}}\right)^{-2} \qquad (5\text{-}11)$$

表 5-7　动能传递系数 φ

$m_{\mathrm{w}}/10^3\mathrm{kg}$	0.1	1	5	10	20	50	100	200	300
φ	0.234	0.96	0.710	0.454	0.760	0.113	0.058	0.030	0.020

采用理论推导与数值仿真分别获得了网壳结构的 E_{FTK}，其与结构响应之间的关系见图 5-85。理论与数值结果吻合较好，可以代替数值结果来确定动力响应

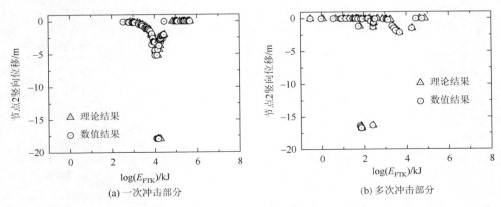

(a) 一次冲击部分　　　　　　　　　　　　(b) 多次冲击部分

图 5-85　一次冲击和多次冲击获取能量理论结果和数值结果的变化规律对比

规律及失效模式。在一次冲击失效情况下，本节通过动能传递系数（φ）建立了冲击物初动能（E）与网壳获取的总冲击能量（E_{TK}）间的关系，而 E_{TK} 与结构的最大动力响应/失效模式间存在规律性联系，即相当于通过动能传递系数（φ）建立了冲击物初动能与网壳最大动力响应/失效模式间的规律性联系。其中动能传递系数（φ）由冲击物质量和网壳冲击区折算质量的比值决定。

5.5 本 章 小 结

本章重点讨论了网壳结构遭受冲击荷载时的失效模式和破坏机理。通过本章的研究可以看出，网壳结构在遭受不同工况的冲击荷载时，可能表现出多种不同的破坏状态，根据这些状态，我们定义了冲击荷载下网壳结构的三种失效模式：结构局部凹陷、结构整体倒塌（包括瞬间碰撞倒塌与持续接触倒塌）、结构冲切破坏。

通过对这些算例中结构承受的冲击力、变形响应、应变响应、各种能量统计值的分析，发现结构的冲击失效模式与能量之间具有对应关系。因此，本章研究了网壳结构冲击过程中的能量传递与转换规律，将网壳冲击全过程分为三个阶段（冲量施加、能量传递、能量转化与消耗），并详细讨论了各种失效模式中能量传递、转化的特点。

针对某具体情况，本章研究了网壳结构失效模式与冲击物质量、速度的对应关系，定量给出了结构失效模式与网壳获取的总冲击能量的关系；对于结构获取能量的计算，还给出了一种相对简单的计算方法。

参 考 文 献

白金泽. 2005. LS-DYNA3D 理论基础与实例分析. 北京：科学出版社.

时党勇，李裕春，张胜民. 2005. 基于 ANSYS/LS-DYNA8.1 进行显式动力分析. 北京：清华大学出版社.

ANSYS. 2006. ANSYS User's Manual Revision 10. Pittsburgh：ANSYS，Inc.

第6章　网壳结构冲击响应规律

在结构防护工程的研究中，冲击荷载的来源是相当广泛的。冲击物大到百米级客机的撞击，小到一颗毫米级子弹的侵彻（赵振东等，2003；Zhao et al.，2013）；冲击物的属性也是千变万化的，在材料上能够表现为各种非线性行为；除此之外，冲击物对结构的作用方式也有很多，如高空坠物是竖直向下的冲击、汽车撞击是水平横向的冲击、导弹多是对结构的斜向高速冲击（王醒等，2014；Adachi et al.，2004；王秀丽等，2016）等。因此，能够作用在结构上的冲击物形式可能是各种各样的。

由第5章的研究已经看到，网壳结构在冲击荷载下的破坏模式有多种，有的破坏模式后果比较轻，如高速的冲切破坏，结构上只有局部数根杆件断裂；而有的失效模式后果比较重，如结构整体倒塌，倒塌所带来的可能是内部人员的大量伤亡以及巨大的财产损失、严重的社会影响。可以看出，了解结构在不同冲击荷载下的失效模式分布，掌握冲击物的各项因素对结构失效模式的影响，对于结构的抗冲击防护是有帮助的。

6.1　冲击物尺寸对网壳结构失效模式的影响

本节中选取的冲击物与第5章相同，取为刚性圆柱体，对网壳顶部竖直向下冲击。冲击物高度均为2.0m，直径分别取2.0m、5.0m和10.0m，对应的冲击面积分别为3.14m^2、19.625m^2、78.5m^2，通过改变冲击物密度来实现不同尺寸的冲击物具有相同的质量以进行对比。本节中网壳结构为单层球面网壳，建模参数也与第5章相同。

冲击物冲击网壳的俯视情况如图6-1所示。当冲击物直径为2m时，冲击物仅与网壳顶点（图中中心点）有接触作用，如图6-1（a）所示；对直径为5m的冲击物，将冲击位置稍作偏移，即冲击物的中心对准第1环内一根径杆的中点，此时冲击物冲击网壳的顶点和第1环上的1个节点，如图6-1（b）所示；当冲击物直径为10m时，冲击物与第1环内网壳所有节点均发生碰撞，如图6-1（c）所示。

网壳结构屋面质量考虑了120kg/m^{2}和60kg/m^{2}两种情形，用于模拟重屋面和轻屋面。屋面质量以质量单元（Mass166）的形式施加至网壳节点处。

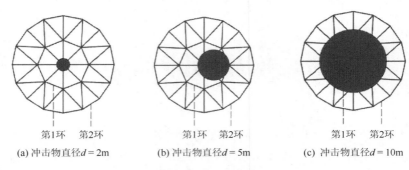

(a) 冲击物直径 d = 2m　　　(b) 冲击物直径 d = 5m　　　(c) 冲击物直径 d = 10m

图 6-1　冲击物冲击网壳位置示意图

6.1.1　失效模式分布

　　基于第 5 章的失效模式定义，根据单层球面网壳在冲击作用下的结构最终变形及其他动力响应，得到了不同尺寸冲击物作用下网壳结构的失效模式与冲击物质量、速度的关系。屋面质量为 120kg/m² 和 60kg/m² 的网壳对应的失效模式分布分别如图 6-2 和图 6-3 所示。

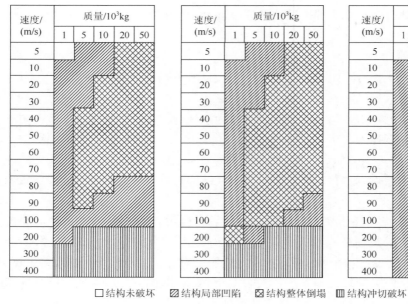
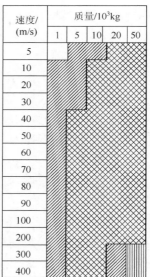

□结构未破坏　　▨结构局部凹陷　　▧结构整体倒塌　　▥结构冲切破坏

(a) 冲击物直径 d = 2m　　　　(b) 冲击物直径 d = 5m　　　　(c) 冲击物直径 d = 10m
　(冲击顶点节点)　　　　　　(冲击顶点和相邻节点)　　　　(冲击顶点及第1环)

图 6-2　不同尺寸冲击物网壳结构的失效模式分布（屋面质量为 120kg/m²）

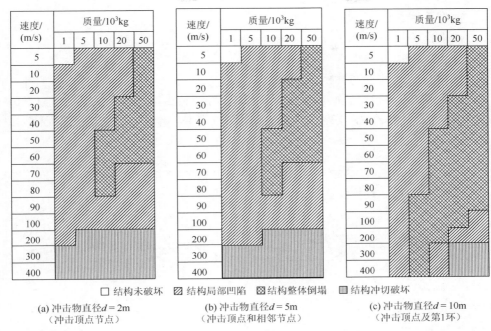

结构未破坏　　结构局部凹陷　　结构整体倒塌　　结构冲切破坏

(a) 冲击物直径 $d = 2$m　　(b) 冲击物直径 $d = 5$m　　(c) 冲击物直径 $d = 10$m
（冲击顶点节点）　　（冲击顶点和相邻节点）　　（冲击顶点及第1环）

图 6-3　不同尺寸冲击物网壳结构的失效模式分布（屋面质量为 60kg/m²）

由图 6-2 和图 6-3 可知，屋面质量为 120kg/m² 的网壳，随着冲击物尺寸增大，冲击物与网壳作用接触的节点数增加，结构发生整体倒塌的范围会有所扩大。在冲击物速度较低时（冲击物未穿透网壳），冲击物尺寸的影响很小；当冲击物速度较高时，冲击物尺寸增大使得网壳的破坏更加严重。对屋面质量为 60kg/m² 的网壳，直径为 2m 和 5m 的冲击物撞击下结构的失效模式十分接近，但直径为 10m 的冲击物在高速撞击时会引发更严重的破坏。

由图 6-2 和图 6-3 对比可知，屋面质量为 120kg/m² 网壳破坏比屋面质量为 60kg/m² 的网壳严重得多，这主要是由于网壳在整体倒塌过程中，网壳自身重力做的贡献是不能忽略的。在网壳产生相同凹陷的情况下，重屋面网壳更容易发生整体倒塌。屋面质量较小时，有时即使网壳产生很大凹陷，最终也可能不会"倒扣"过来，而对于屋面质量为 120kg/m² 的网壳，结构第 4 环产生竖向位移时，结构就将发生整体倒塌。

6.1.2　影响原因分析

为说明以上不同尺寸冲击物作用下网壳结构失效模式、动力响应差异及其原因，对以下典型算例进行讨论。算例中网壳屋面质量均为 120kg/m²。

典型算例 6.1

冲击物质量 $m = 1 \times 10^4$kg，冲击物初速度 $v_0 = 30$m/s（速度较低）。

算例 6.1.1　　冲击物直径 $d = 2$m。

算例 6.1.2　　冲击物直径 $d = 10$m。

经数值仿真模拟，算例 6.1.1 及算例 6.1.2 中的网壳结构的变形发展过程如图 6-4 和图 6-5 所示。冲击物均未穿透网壳，结构发生了整体倒塌，且结构变形发展大致相同。

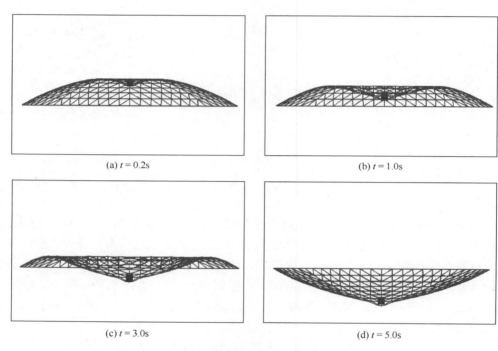

(a) $t = 0.2$s　　　　　　　　　　　　　　　(b) $t = 1.0$s

(c) $t = 3.0$s　　　　　　　　　　　　　　　(d) $t = 5.0$s

图 6-4　算例 6.1.1 网壳结构变形发展（$d = 2$m）

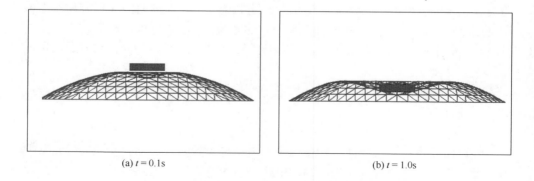

(a) $t = 0.1$s　　　　　　　　　　　　　　　(b) $t = 1.0$s

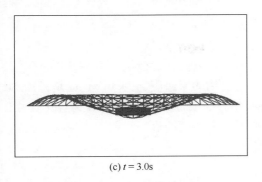
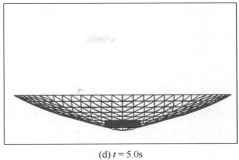

(c) $t = 3.0s$　　　　　　　　　　　　　(d) $t = 5.0s$

图 6-5　算例 6.1.2 网壳结构变形发展（$d = 10m$）

算例 6.1 中，冲击物未穿透网壳且结构失效模式均为整体倒塌，但经过细微地观察后不难发现两者仍有一些差异。

首先从冲击力时程曲线的角度进行分析。算例 6.1.1 中，网壳冲击区质量为顶点节点集中质量（约 1.5t）与参与运动的杆件质量之和，其值小于冲击物质量，此时冲击物会与网壳发生多次连续碰撞，因此冲击荷载曲线中会有多个脉冲（图 6-6）。而对于算例 6.1.2，宏观来看网壳的冲击区质量为 9 个节点的集中质量与参与运动的杆件质量之和，其值大于冲击物的质量。冲击物与网壳的顶点和第 1 环节点依次接触，冲击物在第二次撞击网壳后会向上反弹，由于重力作用冲击物会再次回落，在这期间网壳已然具有倒塌的趋势，从冲击力时程曲线（图 6-7）上也能看到这一点，在两个脉冲作用之后的一段时间内冲击物与网壳不再有明显的冲击作用，即冲击物对网壳的最初撞击作用已足以使得网壳具有倒塌的趋势。

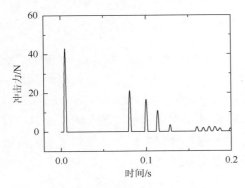

图 6-6　算例 6.1.1 冲击力时程曲线

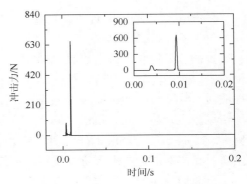

图 6-7　算例 6.1.2 冲击力时程曲线

然后从网壳吸收能量的角度对两者的差别进行比较。算例 6.1.1 与算例 6.1.2 中网壳吸收能量的总体趋势及吸收能量大小均较为接近。碰撞期间直径为 10m 的冲击物对应的结构吸收的能量略高于直径为 2m 的冲击物（图 6-8 和图 6-9），结构倒塌期间更多的能量由结构重力做功提供。结构倒塌过程中，结构的动能并不是很高。随着结构变形发展，结构动能逐渐转化为结构应变能，多根杆件进入塑性。宏观来看，对于未穿透网壳的情况，冲击物的末速度均为 0，也就是说冲击物虽然尺寸不同，但初速度和末速度是相同的，即冲击物动量和能量变化值相同，因此冲击物在与结构的作用过程中冲量的累积和做功的累积很接近，使得结构具有相似的动力响应，最终失效模式也相同。

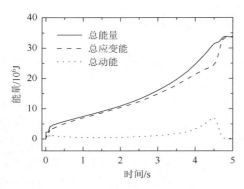

图 6-8　算例 6.1.1 网壳能量变化　　　　图 6-9　算例 6.1.2 网壳能量变化

　　算例 6.1.1 和算例 6.1.2 中结构的动力响应较为接近，因此不再做更详细的对比，以下主要讨论具有明显差异的算例，即高速冲击下冲击物尺寸的影响。

典型算例 6.2

冲击物质量 $m = 1 \times 10^4 \text{kg}$，冲击物初速度 $v_0 = 100 \text{m/s}$（速度较高）。

　　算例 6.2.1　　冲击物直径 $d = 2\text{m}$。

　　算例 6.2.2　　冲击物直径 $d = 10\text{m}$。

　　算例 6.2.1 和算例 6.2.2 的结构变形发展过程如图 6-10 和图 6-11 所示，算例 6.2.1 的失效模式为结构局部凹陷，算例 6.2.2 的失效模式为结构整体倒塌。很明显，小尺寸的冲击物会穿透网壳，仅冲击区内被撞击的 8 根杆件发生断裂，冲击区附近产生一定范围的凹陷，但主体结构并没有受到很大的影响。而对于算例 6.2.2，冲击物与网壳的作用面积更大，更多根杆件发生破坏，且碰撞后冲击物反弹，在此期间结构变形持续发展，最终发生整体倒塌。

　　下面仍然从冲量和做功两方面来分析两者的差异。

　　从冲击荷载的角度而言，算例 6.2.1 和算例 6.2.2 的差异非常明显。如图 6-12 和图 6-13 所示，对于算例 6.2.1，冲击力峰值约为 $150 \times 10^6 \text{N}$，结构所受冲击物冲量大小为 $I_{6.2.1} = 2.97 \times 10^5 \text{kg·m/s}$，而对算例 6.2.2，冲击物依次与网壳顶点和第 1 环

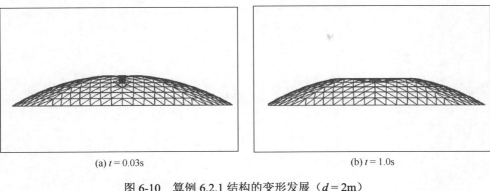

(a) $t = 0.03$s　　　　　　　　　　　　　(b) $t = 1.0$s

图 6-10　算例 6.2.1 结构的变形发展（$d = 2$m）

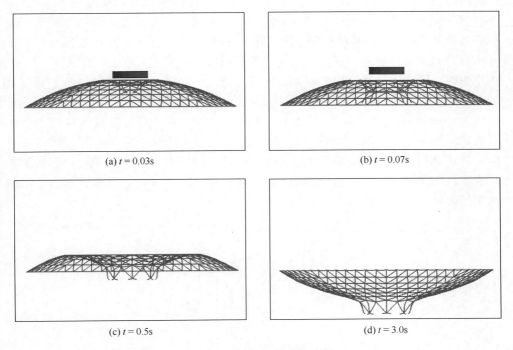

(a) $t = 0.03$s　　　　　　　　　　　　　(b) $t = 0.07$s

(c) $t = 0.5$s　　　　　　　　　　　　　(d) $t = 3.0$s

图 6-11　算例 6.2.2 结构的变形发展（$d = 10$m）

上节点接触，冲击力峰值很大，大于 2000×10^6N，结构所受的冲量为 $I_{6.2.2} = 10.82 \times 10^5$kg·m/s，约为算例 6.2.1 的 3.64 倍，甚至大于冲击物初始动量（1.0×10^6kg·m/s）。由此可见，高速大尺寸冲击物对网壳的冲击作用更强。

　　下面分析网壳吸收能量情况。网壳结构在冲击荷载下首先会获得一定的动能，而随着结构变形发展，一部分动能转化为结构的应变能。

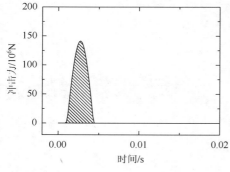

图 6-12　算例 6.2.1 冲击力时程曲线

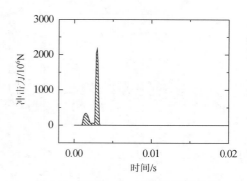

图 6-13　算例 6.2.2 冲击力时程曲线

在冲击物与网壳发生碰撞时，冲击力对网壳做功，网壳顶点获得向下的速度。在碰撞持时内，结构首先吸收较高动能，此后由于结构内力的反作用，网壳的动能会逐渐降低，与此同时结构的应变能随之升高。对于冲击后发生断裂的杆件（单元达到失效塑性应变而被删除）的能量不再追踪，因此能量值会产生突变，即杆件断裂时，网壳的动能、应变能都会突然降低。

如图 6-14 和图 6-15 所示，直径为 2m 的冲击物对网壳做功约为 25×10^6J，而直径为 10m 的冲击物做功约为 55×10^6J。算例 6.2.1 中，杆件断裂后网壳结构的总能量降低至约 2×10^6J，此后不再有明显增减，结构的变形趋于稳定。算例 6.2.2 中，冲击物撞击结构约 0.15s 之后（此时部分被撞击杆件已破坏），网壳仍然具有较高的动能（约 10×10^6J），结构变形继续发展，在此期间网壳重力做功使结构总能量继续增加，结构最终整体倒塌。

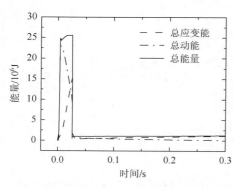

图 6-14　算例 6.2.1 网壳能量变化

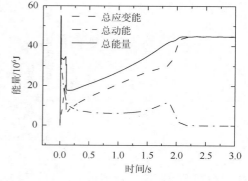

图 6-15　算例 6.2.2 网壳能量变化

为进一步研究网壳各部分吸收能量的情况，将网壳进行分区，如图 6-16 所示。直径为 2m 的冲击物只能作用于 C_1 部分，而直径为 10m 的冲击物可以冲击到 C_1 和 C_2 两部分。

首先考察算例 6.2.1 中网壳各部分的能量变化。图 6-17 为直径为 2m 的冲击

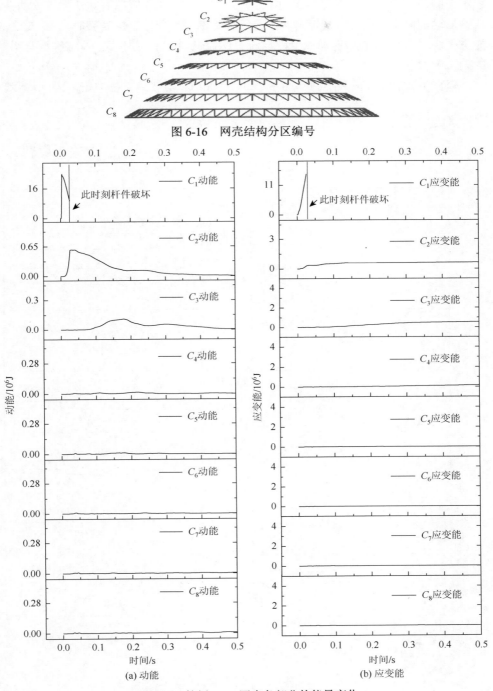

图 6-16　网壳结构分区编号

图 6-17　算例 6.2.1 网壳各部分的能量变化

物对应网壳各部分吸收能量情况。由图 6-17 可见，C_1 部分碰撞瞬间获得较大动能，碰撞后动能降低，同时应变能增大，最终杆件断裂。杆件发生断裂时向 C_2 传递的能量很少，$C_3 \sim C_8$ 的动能和应变能均没有明显变化，说明网壳主体结构没有明显的动力响应。

　　算例 6.2.2 则有很大不同（图 6-18）。C_1 和 C_2 均被冲击物冲击，因此均吸收

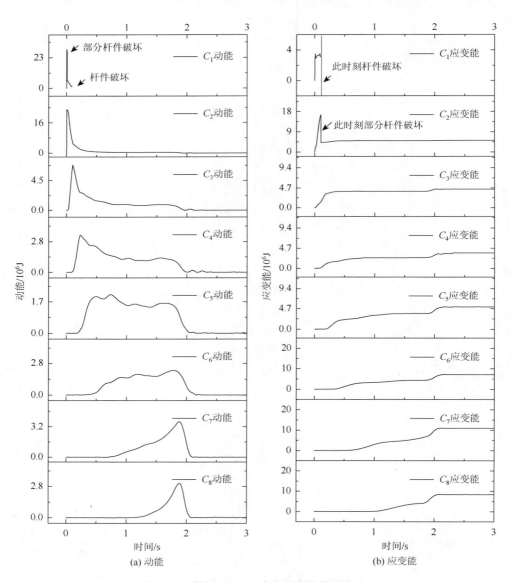

(a) 动能　　　　　　　　　　　(b) 应变能

图 6-18　算例 6.2.2 网壳各部分的能量变化

较高的动能，C_1、C_2 杆件断裂时，动能和应变能迅速降低。由于 C_2 的杆件并没有全部破坏，仍有较高的动能传递至 C_3，这部分能量导致了结构足以继续变形，继而 C_4～C_8 也依次产生较高的动能。随着结构变形发展的完成，一大部分动能最终转化为网壳的应变能，结构最终发生整体倒塌。能量曲线充分反映了结构变形发展的过程。

经过以上分析可知，不同尺寸的冲击物实现多点冲击且冲击物速度较高时，结构的失效模式可能出现明显的差异，大尺寸冲击物作用下结构的破坏更加严重。究其原因主要是大尺寸冲击物冲击到网壳更大的区域，结构受到的冲量更大，冲击物对网壳做功更多，且这部分动能传递至网壳的非冲击区，使得结构应变能够继续发展。

另外，对于多节点遭受冲击的问题，不能再以冲击一个节点的网壳失效模式和结构吸收动能的对应关系进行结构失效模式的判断，即第 5 章这部分的研究结果对于多点冲击并不适用。

6.2　弹塑性材料冲击物对网壳结构失效模式的影响

前面在研究网壳结构的冲击响应时都假设冲击物为刚体，这种简化在一定的范围内已经被证实是合理的，特别是当我们仅关注被冲击结构的响应时。但是当冲击物的刚度与结构的刚度接近时，将冲击物简化为刚体是否可能带来结果误差呢？本节即讨论该问题。

在本节中，冲击物的密度采用钢材的密度，冲击物的材料参数与网壳杆件采用相同的材料设置，即考虑应变率效应的分段线性塑性模型。不同质量的冲击物具有相同的密度，只能通过改变冲击物尺寸的方式改变冲击物质量，但调整过程中需保证冲击物的形状不变。不同质量冲击物的尺寸见表 6-1。

表 6-1　不同质量冲击物的尺寸

质量/t	1	5	10	20	50
直径/m	0.543	0.928	1.170	1.474	2.000
高/m	0.552	0.943	1.189	1.498	2.033

在前面的有限元分析中，刚体冲击物与网壳模型可以采用点对面（NTS）的接触形式进行模拟，冲击物与网壳顶点接触，而该节点处恰好有质量单元。由于冲击物是刚体，分析也可以顺利进行。而对于弹塑性冲击物，必须采取一些方式增大接触面积，否则在碰撞过程中冲击物很容易有应力集中的现象，造成冲击物破坏。本书采用在网壳顶点设置一个刚体球（半径为 0.25m）的办法来解决此问题，

使球心与网壳顶点在有限元分析时共节点,利用该球体替代质量单元的部分质量,并使得冲击物与网壳有更大的接触面。经过对刚体冲击物冲击网壳结构的模拟发现,顶点不设置刚体球和设置刚体球所获得的网壳失效模式分布相同,因此可以认为这种处理手段是合理的。

6.2.1　失效模式分布

弹塑性冲击物作用下网壳的失效模式与刚体冲击物略有差异,如图6-19所示。将该分布模式与图 6-2（a）和图 6-2（b）分别比较可知,对屋面质量为 120kg/m² 的网壳,当考虑冲击物弹塑性发展时,在结构整体倒塌（穿透）和结构局部凹陷（穿

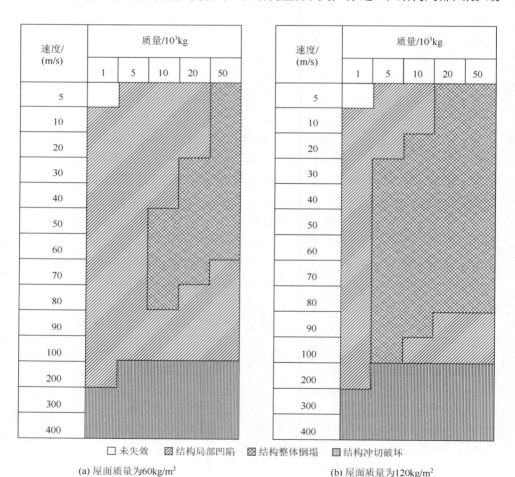

□ 未失效　▨ 结构局部凹陷　⊠ 结构整体倒塌　▦ 结构冲切破坏

(a) 屋面质量为60kg/m²　　　　　　　　(b) 屋面质量为120kg/m²

图 6-19　考虑冲击物弹塑性发展的网壳失效模式分布

透）的分界处（冲击物速度为 80～100m/s），结构局部凹陷有可能转化为结构整体倒塌，在低速条件下，失效模式基本没有影响；对于屋面质量为 60kg/m² 的网壳，冲击物弹塑性的影响较小。

6.2.2　影响原因分析

下面对冲击物弹塑性发展带来的影响进行详细讨论，算例中网壳屋面质量为 120kg/m²。

典型算例 6.3

冲击物质量 $m = 1 \times 10^4$ kg，冲击物初速度 $v_0 = 90$ m/s。

算例 6.3.1　冲击物为刚体。

算例 6.3.2　冲击物为弹塑性体。

在该组算例中，冲击物的质量和初速度相同，即初动量和初动能相同，且冲击物在碰撞短时间内均穿透网壳，但结构的失效模式并不相同。算例 6.3.1 中，刚体冲击物冲击网壳后，发生穿透网壳的局部凹陷（图 6-20）；而在算例 6.3.2 中，弹塑性冲击物冲击网壳后，结构变形持续发展，最终发生了整体倒塌（图 6-21）。

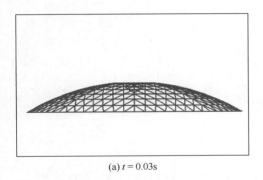
(a) $t = 0.03$s

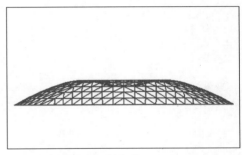
(b) $t = 5$s

图 6-20　算例 6.3.1 刚体冲击物网壳结构变形发展

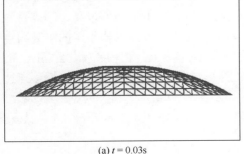
(a) $t = 0.03$s

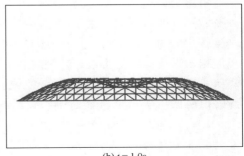
(b) $t = 1.0$s

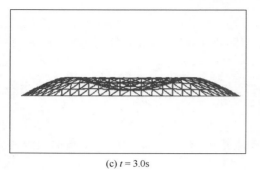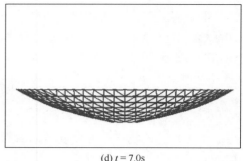

(c) $t = 3.0\text{s}$ 　　　　　　　　　　　　　　　(d) $t = 7.0\text{s}$

图 6-21　算例 6.3.2 弹塑性冲击物网壳结构变形发展

下面考察冲击力时程曲线，刚体冲击物和弹塑性冲击物作用网壳时冲击力时程曲线分别如图 6-22 和图 6-23 所示。刚体冲击物撞击持时较短（约 1.3ms），冲击力峰值很大；而弹塑性冲击物冲击力持时较长（约 4ms），但峰值较低。考虑弹塑性后，冲击力曲线并不体现为短时三角形，没有相对固定的形状。刚体冲击物对网壳的冲量高于弹塑性冲击物，这可以从顶点的最大速度响应看出。

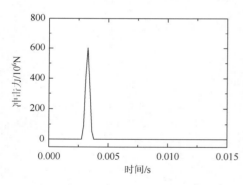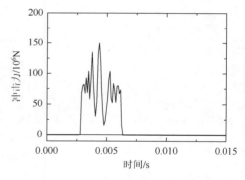

图 6-22　算例 6.3.1 冲击力时程曲线　　　图 6-23　算例 6.3.2 冲击力时程曲线

考察结构顶点及相邻节点的动力响应，由图 6-24 可见，顶点的加速度曲线与外荷载形式非常相似，由于刚体冲击物作用时间短且冲击力峰值很高，顶点首先产生较大的速度和位移，且在 0.032s 时刻断裂，而弹塑性冲击物作用的网壳顶点反应略微滞后，约在 0.038s 时刻断裂。算例 6.3.1 中顶点最大速度为 152.7m/s，而算例 6.3.2 中顶点的最大速度为 140.9m/s（图 6-25），考虑冲击物弹塑性后顶点速度峰值降低了 7.7%，断裂时刻网壳顶点的位移基本一致（图 6-26）。在算例 6.3.2 中，冲击物与网壳分离时刻冲击物吸收能量约为 $1.05 \times 10^6 \text{J}$，约占冲击物初始动能（$40.5 \times 10^6 \text{J}$）的 2.6%。

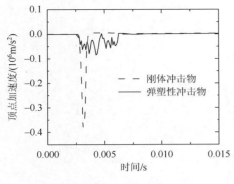

图 6-24　网壳顶点加速度

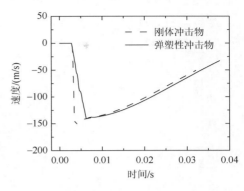

图 6-25　网壳顶点速度

　　然而与网壳顶点相邻的第 1 环上的节点的响应却有所不同。刚体冲击物和弹塑性冲击物作用网壳时被冲击杆件的断裂时差很短，但就在这短短的 4ms 时间内，第 1 环上节点的速度有约 3m/s 的差值，如图 6-27 所示。这就造成了算例 6.3.1 中，第 1 环上节点的速度能够迅速降至 0，而算例 6.3.2 中第 1 环上的节点能够继续向下运动，最终发生整体倒塌。

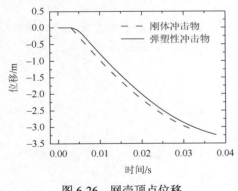

图 6-26　网壳顶点位移

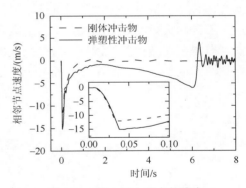

图 6-27　第 1 环上节点的速度

　　从网壳吸收的动能上，也可以体现两者的差异。网壳冲击区的动能如图 6-28 所示，弹塑性冲击物作用下冲击区的动能较低，但由于杆件断裂略迟缓，其非冲击区吸收动能反而更高（图 6-29）。与冲击物尺寸对结构失效模式的影响是相似的，冲击区的动能是否可以有效地传递至非冲击区，是影响结构是否倒塌的关键。

　　考虑冲击物弹塑性发展，即考虑冲击物吸收能量时，会对刚体冲击物作用网壳时穿透网壳的结构整体倒塌和结构局部凹陷分界区域附近的失效模式分布有所影响，网壳趋向于发生整体倒塌。但总体来讲，当冲击物吸收能量有限时，可以用刚体冲击物对结构分析的结果近似替代弹塑性冲击物对结构分析的结果，且对失效模式过渡区域的体系加以关注，能够大大简化分析过程。

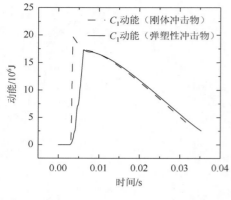

图 6-28　网壳冲击区的动能

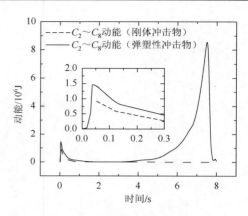

图 6-29　网壳非冲击区的动能

6.3　冲击点位置的影响

冲击现象是比较随机的，网壳结构的各个位置均可能承受冲击荷载。而冲击网壳的各个位置时，结构的受力状况不同，即使相同的冲击质量与速度也有可能产生不同的失效模式。因此，本节选取不同位置节点遭受冲击的情况进行数值模拟，获得出现结构整体倒塌可能性最大的冲击点位置，即最不利点位。网壳编号示意图及主要节点布置图如图 6-30 所示。

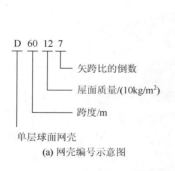

(a) 网壳编号示意图

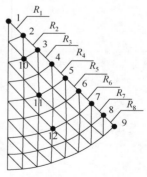

(b) 被冲击点编号示意图

图 6-30　网壳及被冲击节点编号示意图

网壳：D60127；杆件截面：径杆、环杆 Φ180mm×7.0mm，斜杆 Φ168mm×6.0mm；冲击角度：0°

由于网壳对称，分别选择如下 7 个点进行研究。节点 1 顶点；节点 3（第 2 环径环向交点）为中间环与顶点间选取的节点；节点 5（中间环径环向交点）为中间环节点；节点 7（第 6 环径环向交点）为中间环与支座间选取的节点；节点 10（第 2 环环斜向交点）为中间环与顶点间选取的节点；节点 11（中间环环斜向交点）为中间环节点；节点 12（第 6 环环斜向交点）为中间环与支座间选取的节点。

冲击方向为法向。冲击节点 1 的失效模式分布见图 5-79；其余失效模式分布见图 6-31。当冲击物质量大于 $1.0 \times 10^5 \mathrm{kg}$ 时，结构失效模式与冲击质量为 $1.0 \times 10^5 \mathrm{kg}$ 时相同，因此计算参数中冲击质量的最大值取为 $1.0 \times 10^5 \mathrm{kg}$。

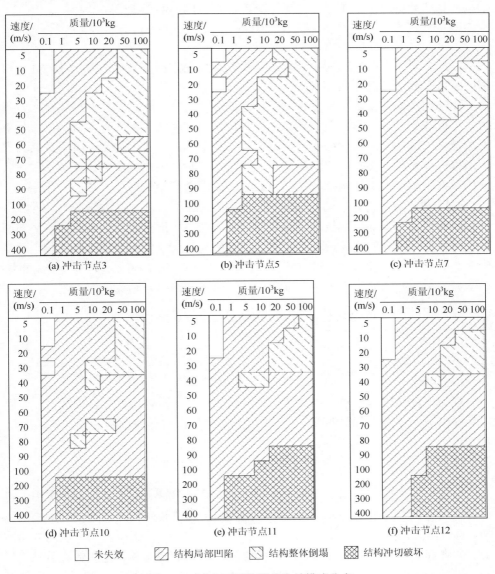

图 6-31　冲击不同位置的失效模式分布

如前所述，结构抗冲击的重点通常是使结构在这类偶然荷载作用下不发生严重的或者是灾难性的破坏，因此，本节定义了一个考察荷载或者结构条件是否不利的指标，该指标仅与结构是否会发生严重的整体倒塌破坏有关。

网壳被冲击后共有三种失效模式：结构局部凹陷、结构整体倒塌、结构冲切破坏。显然结构整体倒塌是破坏性最严重的失效模式，因此认为使结构产生整体倒塌的可能性越大，结构的抗冲击能力越差。定义整体倒塌失效系数为发生整体倒塌的初始冲击动能上限与下限之差除以计算范围内的最大冲击动能：

$$\rho = \frac{\Delta E}{E} \times 100\% \qquad\qquad (6\text{-}1)$$

式中，ρ 为整体倒塌失效系数；ΔE 为初始冲击动能上限与下限之差；E 为计算范围内的最大冲击动能。

在结构相同的情况下，变化冲击荷载的条件进行分析，整体倒塌失效系数越大，则荷载条件越不利；荷载条件相同的情况下，变化结构条件，整体倒塌失效系数越大，结构抗冲击能力越差，结构条件越不利。需说明的是，本书定义的整体倒塌失效系数并不具有定量的意义，也不是某种比例或百分率，仅是一种在其余条件都相同情况下结构抗冲击能力的横向对比衡量参数。

对比 7 个点位的失效模式分布图发现，在冲击同一环时，冲击径、环向交点产生结构整体倒塌的概率要大于冲击环、斜向交点；而且冲击中间环径、环向交点时产生整体倒塌的概率最大；冲击第 2 环径、环向交点时，产生整体倒塌的概率次之。此外，与冲击其他节点相比，冲击中间环与第 2 环径、环向交点时的整体倒塌失效系数明显偏大。冲击不同点位的整体倒塌失效系数见表 6-2。

表 6-2　冲击不同点位的整体倒塌失效系数

冲击点	1	3	5	7	10	11	12
整体倒塌失效系数/%	6.0	20.1	16.1	2.0	3.1	2.0	4.1

注：网壳：D60127；杆件截面：径杆、环杆 Φ180mm×7.0mm，斜杆 Φ168mm×6.0mm；冲击角度：0°。

规律可以总结为：冲击中间环径、环向交点产生整体倒塌的概率最大，并且在径向沿支座及顶点方向递减，沿环向则向 1/8 扇面对称线方向递减。

6.4　冲击角度的影响

冲击物的冲击方向也是不确定的，6.3 节所研究的法向冲击仅是冲击中的特例，可以初步确定不利的冲击位置；在此之后，还需要研究冲击角度对结构的影响。选取上述两个最不利冲击点（节点 3 与节点 5），对其进行过球心法向方向冲击，并在球心、顶点与被冲击点三点确定的平面内沿法向顺、逆时针各偏转 30°方向进行冲击仿真模拟；冲击角度见图 6-32，结构失效模式分布见图 6-33。

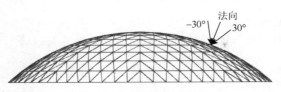

图 6-32　冲击角度示意图

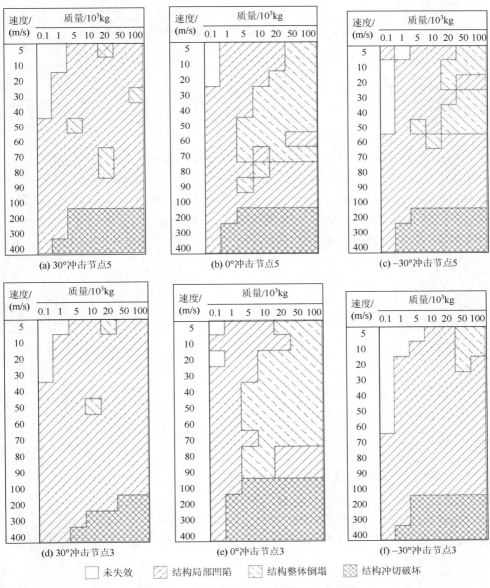

(a) 30°冲击节点5　　　　(b) 0°冲击节点5　　　　(c) −30°冲击节点5

(d) 30°冲击节点3　　　　(e) 0°冲击节点3　　　　(f) −30°冲击节点3

□ 未失效　　▨ 结构局部凹陷　　▨ 结构整体倒塌　　▨ 结构冲切破坏

图 6-33　不同冲击角度的失效模式分布图

整体倒塌失效系数见表 6-3，可见沿法向冲击是较不利的冲击角度。在偏转角度冲击时，首先发生接触的位置往往是在冲击物的边缘与网壳的杆件之间，在冲击物质量较小时，仅在边缘受力的冲击物出现滑落的概率较高，对结构的破坏变小；当冲击物质量偏大时，首先发生接触的网壳杆件很容易产生瞬间破坏，不能将冲击能量有效地传递给网壳整体。

表 6-3 不同冲击角度的整体倒塌失效系数

冲击点	5	5	5	3	3	3
冲击角度	30°	−30°	0°	30°	−30°	0°
整体倒塌失效系数/%	3.0	9.8	16.1	4.0	6.0	20.1

注：网壳：D60127；杆件截面：径杆、环杆 Φ180mm×7.0mm，斜杆 Φ168mm×6.0mm。

图 6-34 为 0°与 30°冲击网壳节点 5 的失效杆件应力图示，0°冲击时冲击物首先接触节点 5，杆件 R_5 先破坏，而 30°冲击时冲击物首先接触的是杆件 R_4，导致杆件提前破坏，R_4 破坏比 R_5 早。所以，0°冲击时冲击物与网壳作用的时间较长，有更多的时间向网壳传递能量，E_{TK} 比较大，结构出现整体倒塌，而 30°冲击时，杆件破坏较早，导致网壳获取的能量较少，所以出现局部凹陷。

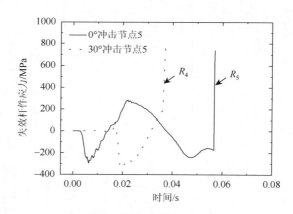

图 6-34 失效杆件应力图

两种情况下网壳失效过程应力云图见图 6-35，从云图中可以明显看出偏转冲击杆件时网壳杆件提前破坏，从而导致最终变形较小。因此，偏转冲击时网壳整体倒塌出现的概率较低。

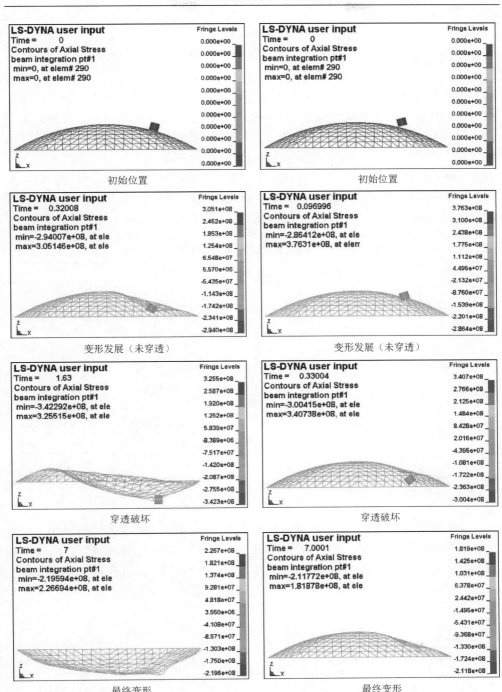

(a) $m = 5.0 \times 10^4\text{kg}$，$v = 20\text{m/s}$，$0°$冲击节点5　　　(b) $m = 5.0 \times 10^4\text{kg}$，$v = 20\text{m/s}$，$30°$冲击节点5

图 6-35　失效云图对比分析（图中时间单位为 s）

6.5　矢跨比的影响

结构的形体对于其冲击响应有着重要影响，因此要考察矢跨比的影响。通过改变矢跨比，考察何种矢跨比更适合承受冲击荷载。表 6-4 中所示的杆件截面均是 60m 跨度的单层球面网壳的参数，截面尺寸是按照《空间网格结构技术规程》（JGJ 7—2010）进行设计的，满足实际工程需求。本节通过两种分析方式考察矢跨比的影响：一是仅改变矢跨比，不改变杆件截面（取各矢跨比对应杆件截面的较大值），考察其对失效模式的影响；二是改变矢跨比时按照设计要求也改变杆件截面（杆件截面取值见表 6-4），研究矢跨比对满足工程要求的常规网壳结构的影响程度。

表 6-4　单层球面网壳参数表

跨度/m	屋面质量/(kg/m²)	矢跨比	径杆和环杆	斜杆
60	60	1/3	$\Phi140mm\times5.0mm$	$\Phi133mm\times3.0mm$
		1/5	$\Phi121mm\times4.0mm$	$\Phi121mm\times4.0mm$
		1/7	$\Phi152mm\times5.5mm$	$\Phi140mm\times5.0mm$
	120	1/3	$\Phi152mm\times5.5mm$	$\Phi146mm\times5.0mm$
		1/5	$\Phi152mm\times5.0mm$	$\Phi146mm\times4.5mm$
		1/7	$\Phi180mm\times7.0mm$	$\Phi168mm\times6.0mm$
	180	1/3	$\Phi168mm\times6.0mm$	$\Phi159mm\times5.5mm$
		1/5	$\Phi180mm\times6.0mm$	$\Phi168mm\times5.5mm$
		1/7	$\Phi203mm\times7.0mm$	$\Phi194mm\times6.0mm$

6.5.1　杆件截面不变

首先分析仅矢跨比改变、杆件截面不变的情况，杆件截面采用 60m 跨度，1/3、1/5、1/7 矢跨比中最大的杆件截面（即表 6-4 中 1/7 矢跨比的杆件截面），并选取最不利的冲击点（节点 3 与节点 5）与最不利的冲击角度（法向方向）进行冲击，失效模式分布图见图 6-36。相应的整体倒塌失效系数见表 6-5。

表 6-5　不同矢跨比的整体倒塌失效系数（相同杆件截面）

冲击点	5	5	5	3	3	3
矢跨比	1/3	1/5	1/7	1/3	1/5	1/7
整体倒塌失效系数/%	1.7	2.3	16.1	5.7	8.8	20.1

注：网壳跨度：60m；屋面质量：120kg/m²；杆件截面：径杆、环杆 $\Phi180mm\times7.0mm$，斜杆 $\Phi168mm\times6.0mm$；角度：0°。

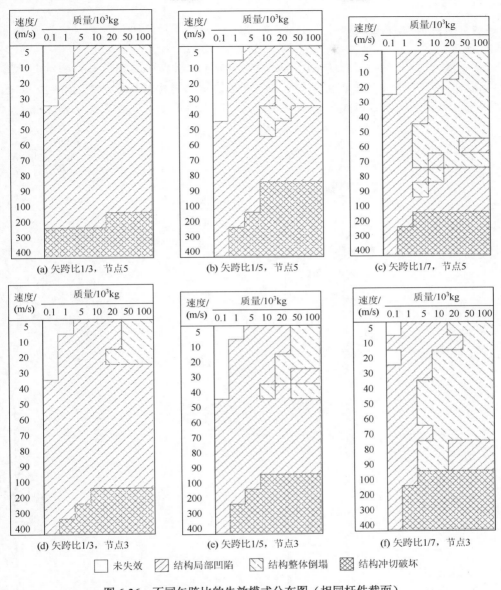

图 6-36　不同矢跨比的失效模式分布图（相同杆件截面）

网壳跨度：60m；屋面质量：120kg/m²；杆件截面：径杆、环杆 Φ180mm×7.0mm，
斜杆 Φ168mm×6.0mm；角度：0°

　　发现在相同杆件截面的情况下，矢跨比越小，结构整体倒塌失效系数越大，尤其在 1/7 矢跨比的情况下，结构发生较小竖向变形就已经临近整体倒塌，因此整体倒塌失效系数也最高。

6.5.2　杆件截面改变

继续讨论矢跨比与杆件截面同时改变的情况，杆件截面如表 6-4 所示。仍然选取最不利的冲击点（节点 3 与节点 5）与最不利的冲击角度（法向方向）进行冲击，得到结构失效模式分布见图 6-37。相应的整体倒塌失效系数见表 6-6。

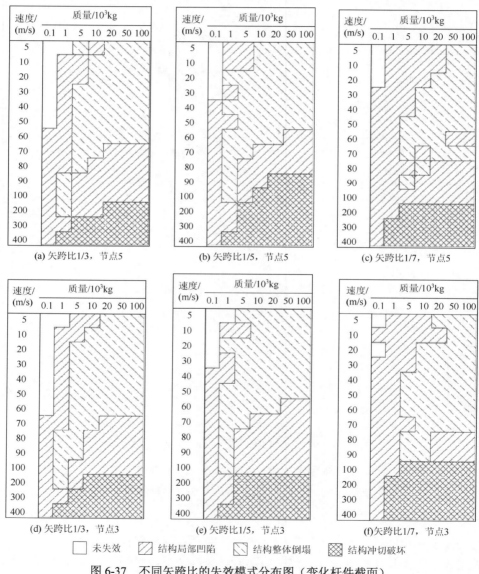

图 6-37　不同矢跨比的失效模式分布图（变化杆件截面）

网壳跨度：60m；屋面质量：120kg/m²；冲击角度：0°

表 6-6　不同矢跨比的整体倒塌失效系数（变化杆件截面）

冲击点	5	5	5	3	3	3
矢跨比	1/3	1/5	1/7	1/3	1/5	1/7
整体倒塌失效系数/%	17.2	15.9	16.1	20.8	18.9	20.1

注：网壳跨度：60m；屋面质量：120kg/m²；冲击角度：0°。

　　总体来说，按照《空间网格结构技术规程》要求设计的网壳，静力承载能力水平大致相当，其抗冲击承载能力也比较接近。但其中 1/3 矢跨比的网壳整体倒塌失效系数略微偏大，而 1/5 矢跨比的整体倒塌失效系数略微偏小。同时结合 6.5.1 节杆件截面不变的结果发现，相同矢跨比的情况下，增大杆件截面能大幅度提高结构的抗冲击能力。

6.6　屋面质量的影响

　　按照前面的研究结果，选择较不利的冲击点位置、冲击角度与矢跨比，变化屋面质量进行冲击，考察屋面质量对结构抗冲击能力的影响。与 6.5 节的方法相同，仍然通过两部分分析考察屋面质量的影响：一是仅变化屋面质量，不变化杆件截面（取各屋面质量对应杆件截面的较大值），考察其对失效模式的影响；二是变化屋面质量时按照设计要求变化杆件截面，研究屋面质量对满足规程要求的网壳的影响程度。

6.6.1　杆件截面不变

　　取对冲击较不利矢跨比 1/3 的网壳，杆件截面选用 Φ168mm×6.0mm，斜杆选用 Φ159mm×5.5mm（按表 6-4 中较大值），屋面质量分别取 60kg/m²、120kg/m²、180kg/m²（大致对应于金属屋面板屋面系统、采光保温玻璃屋面系统和混凝土屋面板屋面系统），冲击点为节点 3 与节点 5。整体倒塌失效系数见表 6-7，仿真分析后失效模式的分布见图 6-38。

表 6-7　变化屋面质量后的整体倒塌失效系数（相同杆件截面）

冲击点	5	5	5	3	3	3
矢跨比	1/3	1/3	1/3	1/3	1/3	1/3
屋面质量/(kg/m²)	60	120	180	60	120	180
整体倒塌失效系数/%	6.7	9.9	17.7	7.9	18.8	21.3

注：网壳跨度：60m；杆件截面：径杆、环杆 Φ168mm×6.0mm，斜杆 Φ159mm×5.5mm；冲击角度：0°。

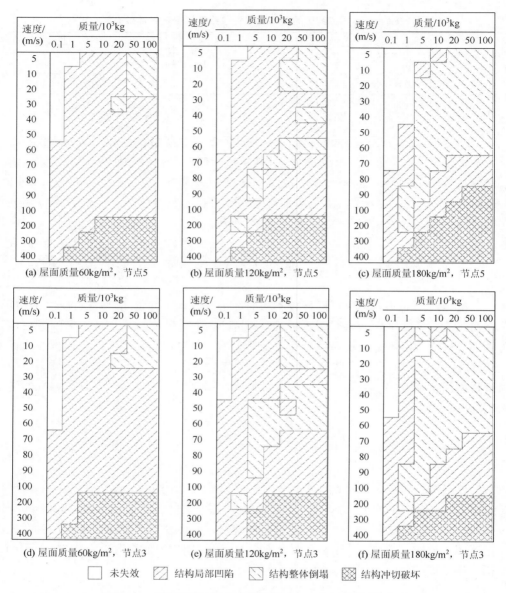

(a) 屋面质量60kg/m²，节点5　　　(b) 屋面质量120kg/m²，节点5　　　(c) 屋面质量180kg/m²，节点5

(d) 屋面质量60kg/m²，节点3　　　(e) 屋面质量120kg/m²，节点3　　　(f) 屋面质量180kg/m²，节点3

☐ 未失效　　▨ 结构局部凹陷　　▨ 结构整体倒塌　　▨ 结构冲切破坏

图 6-38　变化屋面质量的失效模式分布（相同杆件截面）

网壳跨度：60m；矢跨比：1/3；杆件截面：径杆、环杆 Φ168mm×6.0mm，斜杆 Φ159mm×5.5mm；冲击角度：0°

　　从图 6-38 可以发现，轻屋面更有利于承受冲击荷载，这也与前面失效机理相符合；在相同位移的情况下，重屋面会释放更多的结构位能，因此会引起更大范围的坍塌。

6.6.2　杆件截面改变

　　杆件截面按照表 6-4 选择，冲击点选择节点 3 和节点 5，冲击方向为法向，矢跨比为 1/3。失效模式分布见图 6-39。整体倒塌失效系数见表 6-8。

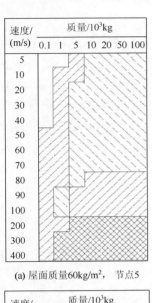

(a) 屋面质量60kg/m²，节点5

(b) 屋面质量120kg/m²，节点5

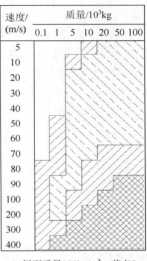

(c) 屋面质量180kg/m²，节点5

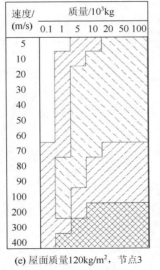

(d) 屋面质量60kg/m²，节点3

(e) 屋面质量120kg/m²，节点3

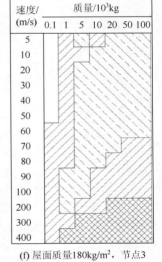

(f) 屋面质量180kg/m²，节点3

　　□ 未失效　　▨ 结构局部凹陷　　▨ 结构整体倒塌　　▧ 结构冲切破坏

图 6-39　变化屋面质量后的失效模式分布（变化杆件截面）

网壳跨度：60m；冲击角度：0°

表 6-8　变化屋面质量后的整体倒塌失效系数（变化杆件截面）

冲击点	5	5	5	3	3	3
屋面质量/(kg/m²)	60	120	180	60	120	180
整体倒塌失效系数/%	16.1	17.2	17.7	18.9	20.8	21.3

注：网壳跨度：60m；矢跨比：1/3；冲击角度：0°。

　　从图 6-39 与表 6-8 可以发现，尽管按照同样的静力安全度进行的杆件截面设计，在屋面质量较大的情况下，结构发生整体倒塌的可能性也会更大。结合前面的失效机理进行分析，屋面质量增加时，结构产生相同变形释放的结构位能增加，此时虽然杆件截面有所增加，但增加杆件所消耗的应变能少于增加的结构位能，所以更容易产生整体倒塌。如图 6-40 所示，冲击重屋面时，结构位能释放率与应变能增加率之差较大；而冲击轻屋面时，两者之差较小。

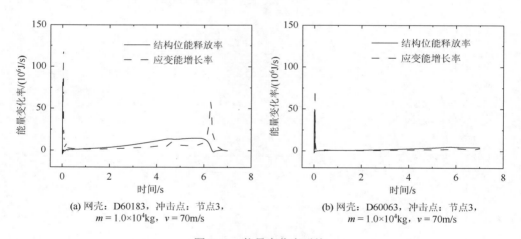

(a) 网壳：D60183，冲击点：节点3，
$m = 1.0 \times 10^4$kg，$v = 70$m/s

(b) 网壳：D60063，冲击点：节点3，
$m = 1.0 \times 10^4$kg，$v = 70$m/s

图 6-40　能量变化率对比

　　由响应速度的计算公式 $v_R = \dfrac{2m_w}{m_w + m_{IR}} v_0 = 2\left(1 + \dfrac{m_{IR}}{m_w}\right)^{-1} v_0 = K v_0$，屋面质量较重时，冲击区折算质量 m_{IR} 偏大，从而 v_R 偏小，所以屋面质量为 180kg/m² 时，冲击点的响应速度比屋面质量为 60kg/m² 时有所减小，但由于屋面质量较大时结构位能释放率较快，所以重屋面时后期节点倒塌速度反而大于轻屋面，见图 6-41。

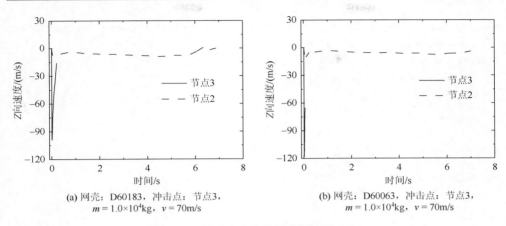

(a) 网壳：D60183，冲击点：节点3，
$m = 1.0 \times 10^4 \text{kg}$，$v = 70\text{m/s}$

(b) 网壳：D60063，冲击点：节点3，
$m = 1.0 \times 10^4 \text{kg}$，$v = 70\text{m/s}$

图 6-41　被冲击点及相邻节点速度对比

6.7　初始缺陷的影响

对单层球面网壳施加了为跨度 1/300、1/500、1/1000 的初始缺陷，分别对 1/3 矢跨比、180kg/m² 的屋面质量情况下的节点 3 和节点 5 进行冲击，发现与没有初始缺陷的情况相比，3 种初始缺陷条件下结构的失效模式分布没有变化，整体倒塌失效系数也不变（图形、表格数据相同，不再重复列出），所以可以认为通常的初始几何缺陷对单层球面网壳的失效模式几乎无影响。

6.8　本 章 小 结

本章通过在 ANSYS/LS-DYNA 有限元程序中建立单层球面网壳的冲击模型，开展了几种参数变化时的冲击仿真。总结这些情况下的失效模式可以发现，冲击物的尺寸（接触面积）、冲击物的材料属性、冲击物的质量和初速度、结构的矢跨比和屋面质量等均对结构在冲击作用下的失效模式有明显的影响。在冲击荷载作用于网壳结构时，防护设计应以避免发生结构整体倒塌为目标，因此本章以是否易于发生结构整体倒塌为考察对象，讨论了这些参数变化对结构失效模式的影响规律，可为网壳结构抗冲击设计提供概念性的参考。

参 考 文 献

王醒，张延昌，任慧龙，等. 2014. 钻铤坠物冲击下的平台甲板塑性失效分析. 船舶，25（4）：27-37.

王秀丽，马肖彤，梁亚雄，等. 2016. 斜向冲击下单层网壳结构的动力响应试验. 振动·测试与诊断，36（3）：445-450.

赵振东，钟江荣，余世舟. 2003. 钢混结构受外来飞射体撞击的破坏效应研究. 地震工程与工程振动，23（5）：88-94.

Adachi T, Tanaka T, Sastranegara A, et al. 2004. Effect of transverse impact on buckling behavior of a column under static axial compressive force. International Journal of Impact Engineering, 30 (5): 465-475.

Zhao P L, Song F Z, Chen N J, et al. 2013. Finite element analysis of bullet penetration circular sandwich plate. Applied Mechanics and Materials, 364: 149-153.

第7章　网壳结构模型落锤冲击试验

受结构整体模型制作困难及试验场地条件、设备条件等限制，目前国内外大跨空间结构的抗冲击试验还很少，可查到的文献仅有李海旺等（2006）开展的单层球面网壳冲击动力响应试验和赵宪忠等（2016）开展的空间网格结构连续性倒塌试验。冲击试验在本书的研究中是相当有必要的，这是由于冲击荷载是短时超强荷载，冲击过程中结构受力与动力响应瞬息万变，缺少试验验证的数值与理论结果缺乏可信度。对于重要且复杂的大型结构，由于试验条件和试验复杂程度等因素的制约，即使是缩尺模型的冲击试验也很困难且造价颇高。因此，在结构抗冲击研究中，国内外学者常通过有限的试验工况，来验证结构冲击响应数值模型的准确性，再以该数值模型为基础，通过数值仿真分析研究结构的动力响应（Astaneh-asl，2003；Tan and Astaneh-asl，2003）；除此之外，通过这些冲击试验，还可以直观地考察（获得）结构的破坏现象和破坏模式，并可对数值仿真技术提出改进建议等。可以看出，作为数值分析的必要补充，有针对性的冲击试验在研究中同样重要。

基于上述原因，本章设计并进行了两组单层球面网壳缩尺模型的冲击试验，分别称为试验一和试验二。其中，试验一主要考察并获得网壳结构的冲击失效模式，试验二则重点考察屋面系统对冲击失效模式的影响。在试验完成后，在 ANSYS/LS-DYNA 中建立了与之对应的数值模型，以对数值建模提出建议并验证数值仿真方法的准确性。

7.1　网壳结构失效模式冲击试验

7.1.1　试验目的与方案

试验一的试验目的如下。

（1）通过模型模态测试结果、弹性冲击响应和两种破坏性冲击下的破坏模式验证网壳冲击响应仿真数值模型的准确性。

（2）通过对两个模型的破坏性冲击，直观获得网壳结构的 2 种典型失效模式（结构局部破坏与结构整体倒塌）。

试验共需两个模型，总计 6 次冲击，具体方案见表 7-1。

表 7-1　试验一方案

项目	模型	方法	测试内容
模态测试	Model-1 Model-2	多输入单输出（MISO）	频率与振型
弹性冲击	Model-1	1. 顶点竖向冲击（$m = 6.70$kg，$h = 0.01$m） 2. 顶点竖向冲击（$m = 6.70$kg，$h = 0.02$m） 3. 顶点竖向冲击（$m = 6.70$kg，$h = 0.03$m）	冲击力、动力响应
	Model-2	4. 顶点竖向冲击（$m = 6.70$kg，$h = 0.03$m）	
破坏性冲击	Model-1	5. 顶点竖向冲击（$m = 131.8$kg，$h = 10.00$m）	冲击力
	Model-2	6. 顶点竖向冲击（$m = 36.71$kg，$h = 6.00$m）	

7.1.2　加载装置与试验模型

　　试验设备采用太原理工大学的落锤冲击试验机。落锤冲击试验机如图 7-1 所示，冲击试验机高 13.47m，相应的撞击速度可达 15.7m/s，依靠自由落体能满足低速冲击试验的要求；落锤质量最大为 240kg，并可以与不同高度相匹配。试验机架是由两个竖立的格构式钢柱与刚性横梁组合而成的门式钢架，钢架与周围建筑物相连，具有很好的整体刚度。机架底部有大体积混凝土基础，且在地基与基础间设置垫层，避免冲击时对周围采集装置的影响。但试验机底部模型空间较小，因此模型几何尺寸受限。

图 7-1　太原理工大学落锤冲击试验机

　　试验共制作了两个相同的 Kiewitt-6 型单层球面网壳缩尺模型（Model-1 和 Model-2），分频数为 2，跨度为 0.9m，矢跨比为 1/8。为降低加工难度并合理施加节点荷载，节点 1 采用实心圆柱（$d = 0.10m, h = 0.06m$）；节点 2～7 采用钢管（$\Phi 57mm \times 6.0mm$，$h = 0.04m$），且两端用质量块（$d = 0.057m, h = 0.01m$）封口；节点 8～19 只起到支承作用，采用钢管（$\Phi 57mm \times 6.0mm$，$h = 0.04m$）。模型加工图见图 7-2。

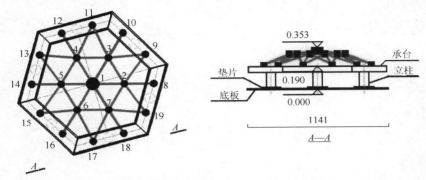

图 7-2　模型加工图（图中尺寸单位为 mm；标高单位为 m）

　　由于网壳杆件缩尺后为 $\Phi 12mm \times 1.8mm$ 的薄壁钢管，1.8mm 的壁厚导致焊接困难，为保证焊接质量与加工精度，在节点上与杆件相连的部位打孔定位，然后将杆件伸入节点的定位孔，再采用氩弧焊焊接，见图 7-3。焊接后的网壳模型支承在下部底座上，中空的底座为网壳模型发生整体倒塌预留了变形空间。底座由承台、立柱、垫片、底板组成。承台由 6 块相同的槽钢焊接成六边形，在每块槽钢中心位置下部设置一根立柱（钢管 $\Phi 76mm \times 6.0mm$），立柱通过垫片与底板相连，底板由 6 块钢板焊接成六边形，下部支承结构的连接见图 7-3。为避免影响试验结果的观察，仅对下部支承结构喷漆，加工与喷漆后模型见图 7-4。

(a) 中心节点打孔　　(b) 第1环与支座节点打孔　　(c) 中心节点连接　　(d) 第1环节点连接

(e) 支座节点连接　　(f) 立柱与承台连接　　(g) 立柱、垫片及底板的连接　　(h) 底板焊缝拼接图

图 7-3　节点加工连接示意图

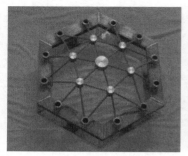
(a) 加工模型俯视图

(b) 加工模型侧视图

(c) 喷漆后模型俯视图

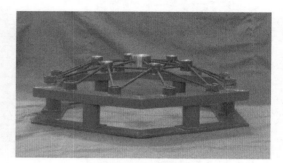
(d) 喷漆后模型侧视图

图 7-4　试验模型

　　通过网壳杆件的材性试验，测得弹性模量为 $1.795 \times 10^5 \mathrm{MPa}$，泊松比为 0.296，伸长率为 0.11。通过使用全站仪对模型的节点加工偏差进行了测量，Model-1 与 Model-2 的加工误差 $\max(\Delta d_i / L_i)$ 分别为 4.88% 与 7.01%，$\dfrac{\sum\limits_{i=1}^{n}(\Delta d_i / L_i)}{n}$ 分别为 2.10% 与 3.38%，其中 d_i 为节点 i 的坐标偏移量，L_i 为节点 i 到原点（网壳顶点）的距离。鉴于加工难度，此加工误差已经控制得非常好。模型就位于落锤冲击试验机后，如图 7-5 所示，其中模型上需测量的位置已经布置了应变片并连接引线。图中的冲击物（锤头）为圆柱体，重量为 6.7kg，弹性冲击时采用此锤头作为冲击物，破坏性冲击时在冲击物上部增加质量块，锤头仅作为接触部分。模型底板通过 3 个对称的地脚锚栓固定在试验台上。

图 7-5　模型就位于落锤冲击试验机

7.1.3　模态测试与分析

开始冲击试验前，首先分别测试了两个模型的模态。为便于与数值结果进行对比，考虑模型加工误差，按照加工后模型的几何尺寸与节点定位建立数值模型。模态分析在 ANSYS/Multiphysics 中进行。数值模型中网壳杆件采用梁单元 Beam4；为考虑冲击物与被冲击物形状的影响，采用实体单元 Solid95 按原型模拟中心节点（发生接触的节点）；第 1 环节点不会发生接触碰撞，所以节点处网壳杆件直接相交，但将节点范围内梁单元的材料刚度放大，用以模拟节点刚域，并用质量单元 Mass21 施加节点荷载；支座处假设节点刚度无穷大，在杆件与节点相交处采用三向固定铰支座。数值模型见图 7-6。

模型就位后，采用多输入单输出（MISO）方法测试模态，将传感器布置在网壳顶点，见图 7-7。依次锤击网壳所有节点，记录每次的锤击力与加速度值，并采用频域分解法对试验结果进行模态分析，结果见图 7-8 与图 7-9。图中分别对比了每个模型前 3 阶频率，并求出了数值仿真振型与试验振型的 MAC（modal assurance criterion）模态判定准则的指标值。前 3 阶的 MAC 指标值均在 80%左右。

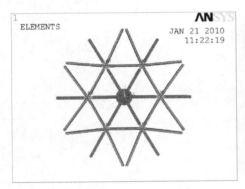

图 7-6　模态分析的数值模型

图 7-7　网壳布置传感器

数值结果 frel = 165Hz

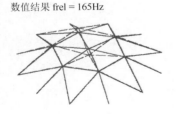

试验结果 frel = 134Hz

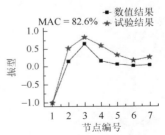

(a) Model-1 一阶频率与振型

数值结果 fre2 = 276Hz

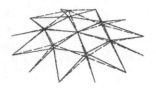

试验结果 fre2 = 261Hz

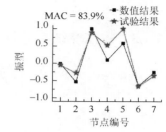

(b) Model-1二阶频率与振型

数值结果 fre3 = 280Hz

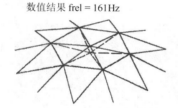

试验结果 fre3 = 270Hz

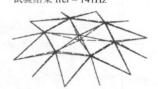

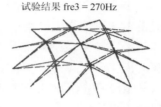

(c) Model-1三阶频率与振型

图 7-8　Model-1 频率与振型对比

数值结果 frel = 161Hz

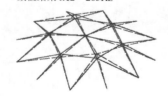

试验结果 frel = 141Hz

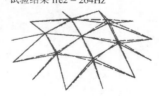

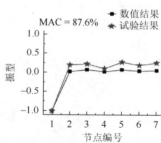

(a) Model-2一阶频率与振型

数值结果 fre2 = 285Hz

试验结果 fre2 = 264Hz

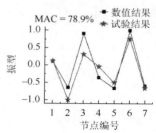

(b) Model-2二阶频率与振型

数值结果 fre3 = 292Hz　　　试验结果 fre3 = 308Hz

(c) Model-2三阶频率与振型

图 7-9　Model-2 频率与振型对比

　　网壳结构局部模态很多，为参数识别带来了困难，加上试验本身难免存在误差，此结果算得上比较理想。对比结果显示：试验频率普遍稍小于数值仿真频率。下面分析边界条件的影响。数值模型中网壳为 12 节点固定铰接。而在试验中首先网壳节点焊在模型底座上，底座的底板由 6 块钢板焊接而成，焊缝使得底面略有不平；其次底板仅通过 3 个对称的地脚锚栓固定在试验台上，底板的不平整与地脚锚栓连接的牢固性均影响试验模型的边界条件，不能实现理想铰接的情况，造成试验模型刚度小于数值模型，导致频率偏低。

　　此外通过试验获得结构的阻尼比约为 0.01，为之后的冲击力及动力响应分析提供了依据。

7.1.4　弹性冲击试验与数值仿真对比

　　与前述网壳结构的冲击响应数值仿真方法相同，弹性冲击试验对应的数值仿真在 ANSYS/LS-DYNA 中进行。按照加工后试验模型的几何尺寸建立数值模型。网壳杆件的材料模型采用钢材考虑应变率影响的分段线性塑性模型；节点刚度假定为无限大，节点的材料模型采用 Rigid Body。网壳数值模型冲击物采用 Solid164，材料模型采用刚体 Rigid Body。不考虑模型底座及试验台变形，因此将承台简化为固定的六边环形的刚性面，试验台采用固定的圆形刚性面，材料模型均为 Rigid Body。冲击物竖直下落，对心撞击中心节点。接触类型采用简单实用的点面接触（Nodes to Surface）；接触算法采用对称罚函数法（图 7-10）。

　　试验中冲击力与网壳杆件应变通过电荷放大器（YE5852）、动态应变仪（MULTI-ACE 6G01）、数字存储示波器（TDS-420A）

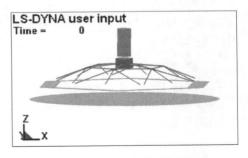

图 7-10　冲击分析的数值模型

获取，并用高速摄像机 CR 2000（Imager Model）拍摄冲击过程，采样频率为 1000 帧/s。

1. 冲击力

以第 3 次冲击（Model-1，$m = 6.7$kg，$h = 0.03$m）为例。冲击力采样频率为 5×10^4Hz，取前 0.05s 分析，高速摄像机拍摄的冲击过程见图 7-11，数值模拟的冲击过程见图 7-12。

(a) 撞击前　　　　　(b) 第一次撞击　　　　　(c) 撞击后分离　　　　　(d) 第n次撞击

图 7-11　试验过程（高速摄像）

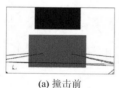 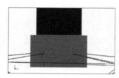 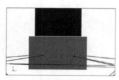 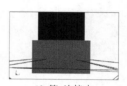

(a) 撞击前　　　　　(b) 第一次撞击　　　　　(c) 撞击后分离　　　　　(d) 第n次撞击

图 7-12　试验过程（数值模拟）

冲击力试验测试结果见图 7-13，数值仿真结果（冲击力极值、冲量、冲击持时误差）见图 7-14。采用理想的数值模型，尽管获得的冲量曲线很接近，但是冲击力曲线与试验结果有很大误差，因此本书在仿真时进行了两个方面的修正：①考虑了下部支承结构的刚度，对结构模型的下部节点约束进行了释放；②考虑了上部锤头与模型的偏心影响，以及接触时刻锤头偏转的影响。在进行了这些修正后，可以保证仿真获得的冲击力与试验采集数据比较吻合。试验中冲击力的开始时刻晚于数值计算开始时刻，间隔为人工触发仪器的反应时间，对实际结果无影响。

在此基础上，第 1、2、4 次冲击的数值与试验结果对比见表 7-2。此外，阻尼力对冲击荷载的影响可以忽略不计，且经计算对比分析，较小的加工误差对冲击力的影响也不明显。

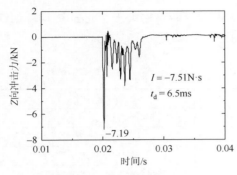

图 7-13　冲击力试验结果

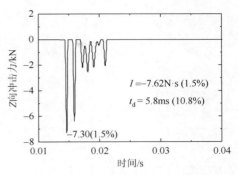

图 7-14　冲击力数值结果（修正后）

表 7-2　数值与试验结果对比

试验编号	项目	冲击力极值/kN	误差/%	冲量/(N·s)	误差/%	冲击持时/ms	误差/%
1	试验结果	4.79	−6.26	4.79	11.1	7.04	−43.2
	数值结果	4.49		5.32		4.00	
2	试验结果	6.52	−8.74	6.28	−15.1	6.34	6.31
	数值结果	5.95		5.33		6.74	
4	试验结果	8.79	−17.0	8.27	−4.23	6.20	−23.2
	数值结果	7.30		7.92		4.76	

2. 应 力

本试验中模型上应变片的布置见图 7-15，应变片设置目的见表 7-3。为避免

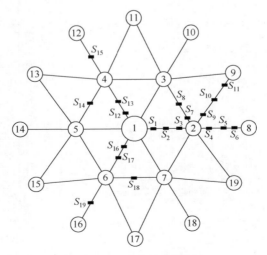

图 7-15　应变片布置图

焊接对结果的影响，靠近节点焊缝的应变片与焊缝距离略大于 2.4cm（2 倍杆钢管直径），图中每个标记处均在杆件上下对称位置各布置一个应变片。

表 7-3　应变片设置目的

编号	应变片位置	测量目的
1	S_1，S_2，S_5，S_8，$S_{12} \sim S_{19}$	模型对称性，杆件轴向应力
2	S_1，S_2，S_3，S_4，S_7，S_{10}	杆件弯矩
3	$S_1 \sim S_{11}$	杆件轴向应力
4	S_1，S_2，S_5，S_8，$S_{12} \sim S_{19}$	模型对称性，杆件轴向应力

　　仍以第 3 次冲击为例，竖向冲击节点 1 时，应变片 S_1、S_{12}、S_{16} 分别测得杆件 M_{13}、M_{15}、M_{17} 与节点 1 相连处的轴向应力。应力采样频率为 5×10^4Hz。将试验应力与考虑阻尼的数值仿真结果应力、未考虑阻尼的数值仿真结果应力进行对比，见图 7-16。

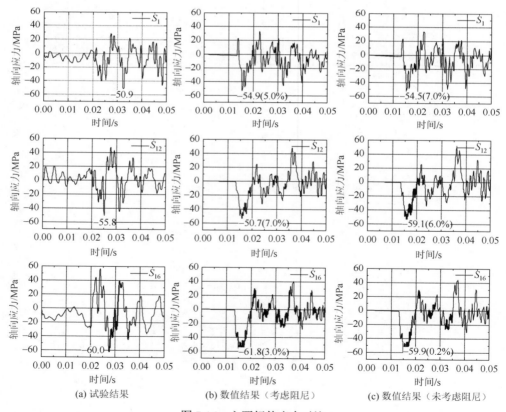

(a) 试验结果　　　　　　(b) 数值结果（考虑阻尼）　　　　　(c) 数值结果（未考虑阻尼）

图 7-16　主要杆件应力对比

在理想状态下三个应变片测得的应力数据应该是相同的。由试验结果发现：应力波动的频率接近；冲击物初始有偏转角导致 S_{16} 初始振动的波峰偏大，接近60MPa；三者后期振幅相近，均在 20MPa 左右。考虑阻尼影响时的数值仿真结果与试验结果接近，应力在后期略有衰减，未考虑阻尼时应力后期没有出现明显衰减。对于其余杆件，试验与数值仿真的应力结果误差也均为 3%～11%，见表 7-4。

表 7-4　应力极值

应变片	S_2	S_5	S_8	S_{13}	S_{14}	S_{15}	S_{17}	S_{18}	S_{19}
试验结果/MPa	无效	54.0	65.2	68.3	55.2	无效	61.8	无效	53.1
数值结果/MPa	60.5	57.1	58.0	66.2	57.0	52.1	69.5	66.6	54.9
误差/%		6	11	3	3		12		3

适当的支座约束释放及较小的冲击物初始偏转虽然会改变冲击力的峰值大小，但因为总冲量相同，且极短的冲击持时内结构响应变化有限，所以对结构的最终响应影响很小，图 7-17 列举的一根杆件的应力与模型的顶点位移也证明了这点。

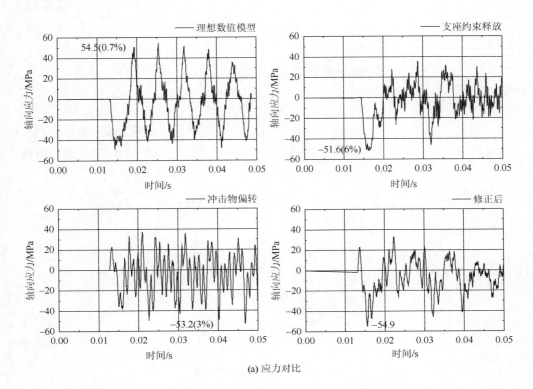

(a) 应力对比

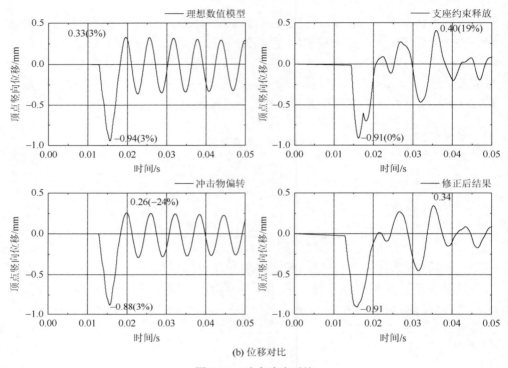

(b) 位移对比

图 7-17　动力响应对比

7.1.5　破坏性冲击试验与数值仿真对比

1. 冲击力

以第 5 次冲击（Model-1，$h = 10.00$m，$m = 131.81$kg）为例。冲击力采样频率为 2.5×10^4Hz，模型的冲击力、总冲量与冲击持时见图 7-18。不讨论冲击物与网

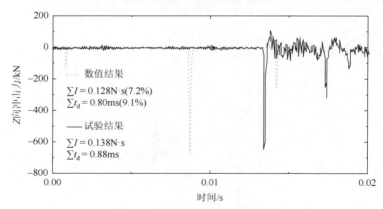

图 7-18　冲击力及其误差分析

壳模型的撞击所产生的冲击力，发现虽然峰值的排列与时间间隔有所不同，但总的冲量与冲击持时误差较小。杆件均已经进入塑性，应变片测量结果已无参考价值，所以不做分析。

2. 破坏形态

应用高速摄像机较清晰地拍摄了第 6 次冲击的破坏全过程，主要部分见图 7-19。与之对应的冲击过程的数值模拟见图 7-20。最终破坏形态对比见图 7-21。

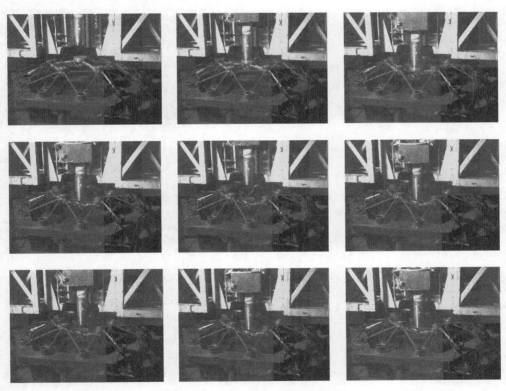

图 7-19　冲击过程（高速摄像）

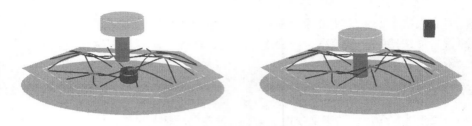

图 7-20　冲击过程（数值模拟）

(a) 试验模型

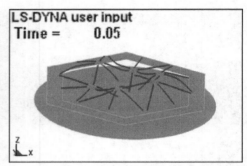

(b) 数值模型

图 7-21　最终破坏形态（Model-2 局部凹陷，图中时间单位为 s）

　　Model-2 中试验破坏形态为局部凹陷；试验中杆件 M_{14} 在节点 1 处首先破坏，致使冲击物再次冲击时偏向一侧，并造成对称一侧杆件 M_{17} 在节点 2 处破坏，几次冲击过后，冲击物落在被冲击点上并停止运动，但其余的第 1 环杆件未出现完全断裂。与试验形态相似，Model-2 中数值仿真出的破坏形态也是局部凹陷；稍有不同的是数值模型中 6 根杆件全部在节点 1 处断裂，其他部位没有破坏，经过 2 次碰撞后，被冲击点与网壳分离，并与刚性底面撞击、反弹。原因是受杆件材料缺陷的影响，由于试验条件的限制，钢管为冷拉管，材质较差，因此材料缺陷可能导致局部杆件提前破坏，从而对最终形态造成影响，这是在数值模型中很难考虑的因素。尽管存在差异，但局部凹陷与整体倒塌的失效模式已经得到验证。

　　第 5 次冲击试验的结果与数值仿真的最终形态也非常接近，见图 7-22。Model-1 试验与数值结果中均呈现出第 1 环 6 根杆件断裂，出现结构整体倒塌；另外，均为杆件 M_{16} 在节点 1 处首先出现破坏，造成这一侧凹陷量偏小，但另一侧已经全部凹陷。

　　两次破坏性冲击前后节点位置对比见图 7-23，失效后的位置可以证明两种失效模式的客观存在性。

(a) 试验模型

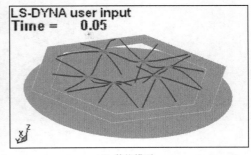

(b) 数值模型

图 7-22　试验与数值形态对比（Model-1 整体倒塌，图中时间单位为 s）

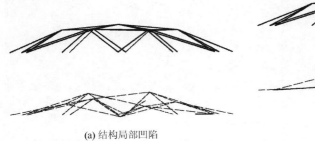

(a) 结构局部凹陷

(b) 结构整体倒塌

图 7-23　失效前后几何关系对比

　　试验中节点与杆件的破坏见图 7-24。中心节点处杆件的破坏情况均为在根部破坏，杆件变形为拉弯或压弯，部分支座节点处出现拉弯破坏。

　　在进行结构抗冲击分析时，通常情况下结构的最大响应在很短的时间内出现，在此之前阻尼力还来不及从结构中吸收较多能量。因此，在前期的多数结构抗冲击数值仿真中，阻尼力是被忽略不计的。通过上述试验分析发现，在较短的冲击持时内，阻尼力的确不会对冲击荷载产生明显影响；但对于网壳等大型结构，结构的最大响应出现需要较长时间，阻尼在这段时间内会消耗结构中较多能量；其结果甚至有可能影响结构的失效模式，见图 7-25。因此，在研究结构受冲击的后期响应时，尤其当最终响应的出现需要经历时间较长时，阻尼的影响不能忽视。

　　此外，通过对比分析发现，两模型较小的加工误差对冲击力与失效形态均无明显影响。

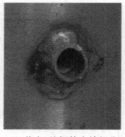

(a) 第1环径向失效杆件　　　(b) 节点1处杆件失效部分　　　(c) 破坏的支座节点

(d) Model-1破坏示意图　　　　　　(e) Model-2破坏示意图

图 7-24　杆件局部破坏示意图

(a) 考虑阻尼　　　　　　　　(b) 未考虑阻尼

图 7-25　阻尼对网壳失效模式的影响

7.2　考虑屋面系统网壳模型破坏模式冲击试验

为了考察屋面板（屋面系统）对网壳结构的冲击破坏模式的影响，本节又开展了两个模型的落锤冲击试验。分别设计了不带屋面板网壳模型与带屋面板网壳模型，对两个模型分别进行了自振频率测试、弹性冲击试验、破坏性冲击试验；通过试验探讨了屋面板给网壳带来的影响。与试验一相同，将建立的网壳精细化数值模型数值分析的结论与试验结果对比，也证明了网壳冲击仿真建模的正确性，为带屋面板网壳结构抗冲击性能的数值仿真技术奠定了基础。

7.2.1　试验目的与方案

本节试验的目的有两项：一是验证网壳结构抗冲击作用数值模型及分析的正确性；二是验证屋面板对单层球面网壳抗冲击性能的影响。

本节冲击试验采用哈尔滨工业大学国防抗爆与防护实验室的落锤冲击试验系统，该试验系统参数与试验能力在前面已经介绍。

冲击试验具有短时性，整个过程为毫秒级，仅凭肉眼难以准确观察冲击过程，因此本试验借助高速摄像系统 Phantom V310 进行记录。为满足冲击试验试件应变测量要求，本试验采用 BX120-2AA 型应变片，应变数据采集采用 DEWE-5001 高精度一体化测量仪器，最大应变采样频率为 1MHz。

试验方案：对两个网壳缩尺模型分别进行相同工况的冲击，试验主要包括自振频率测试、弹性冲击试验及破坏性冲击试验三部分，共冲击 8 次，试验具体方案如表 7-5 所示。表中 Model-1、Model-2 分别表示不带屋面板网壳模型、带屋面板网壳模型。

表 7-5　落锤冲击试验方案

项目	模型	方法、冲击顺序编号	测试内容
自振频率测试	Model-1	敲击顶点	频率
	Model-2		
弹性冲击试验	Model-1	1. 顶点竖直冲击（$m = 100.50\text{kg}$, $h = 0.005\text{m}$)	动力响应
	Model-1	2. 顶点竖直冲击（$m = 100.50\text{kg}$, $h = 0.008\text{m}$)	
	Model-1	3. 顶点竖直冲击（$m = 100.50\text{kg}$, $h = 0.010\text{m}$)	
	Model-2	4. 顶点竖直冲击（$m = 100.50\text{kg}$, $h = 0.005\text{m}$)	
	Model-2	5. 顶点竖直冲击（$m = 100.50\text{kg}$, $h = 0.008\text{m}$)	
	Model-2	6. 顶点竖直冲击（$m = 100.50\text{kg}$, $h = 0.010\text{m}$)	
破坏性冲击试验	Model-1	7. 顶点竖直冲击（$m = 100.50\text{kg}$, $h = 3.200\text{m}$)	破坏模式
	Model-2	8. 顶点竖直冲击（$m = 100.50\text{kg}$, $h = 3.200\text{m}$)	

7.2.2　试验模型加工

Model-1 及 Model-2 两个网壳模型设计参数相同，区别是 Model-2 网壳模型上又铺设了 1.5mm 厚的屋面板。试验台水平尺寸为 2000mm×2000mm，为充分利用该空间，网壳缩尺模型的跨度设计为 1800mm；导轨离地高度为 340mm，考虑到网壳模型在破坏冲击荷载作用下有一定的变形空间，因此将模型底座高度设为 150mm，模型中网壳部分矢高为 195mm，矢跨比为 1/9.23；试验模型总高 345mm，导轨处高度恰好小于 340mm，采用方形钢管焊接加工成正九边形的底座，底座最大跨度为 1950mm，小于冲击试验系统砧座的尺寸，便于固定。

模型节点均采用钢管（$\Phi 60\text{mm} \times 6.0\text{mm}$, $h = 0.04\text{m}$)，共 37 个，上端采用质量块封口焊接（$d = 60\text{mm}$, $h = 5\text{mm}$)。网壳杆件采用规格为 $\Phi 14\text{mm} \times 2.0\text{mm}$ 的 Q235 薄壁钢管，杆件与节点连接处用压力埋弧焊连接，模型加工图如图 7-26 所示。

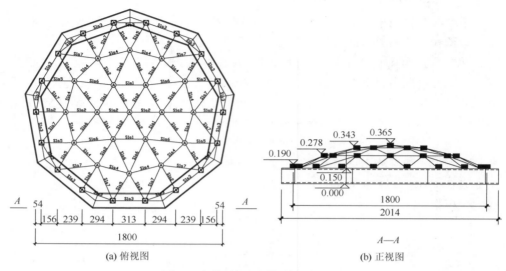

(a) 俯视图　　　　　　　　　　　　　　　　(b) 正视图

图 7-26　模型加工图（单位：mm）

网壳模型的加工过程如图 7-27 所示，具体细节不再赘述。

(a) 模型节点的定位

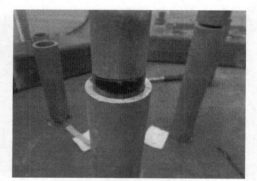

(b) 模型节点的固定

(c) 模型杆件焊接1

(d) 模型杆件焊接2

(e) 模型节点连接1　　　　　　　　　　(f) 模型节点连接2

(g) 网壳模型俯视图　　　　　　　　　(h) 网壳模型侧视图

图 7-27　Model-1 加工过程示意图

在模型上安装网壳屋面板时，先将每块三角形的钢板三顶点点焊在应连接的三个节点上，这时要保证相邻屋面板之间的缝隙足够小，使相邻屋面板用四和五点点焊即可牢固连接。要特别注意的是：由于此次冲击试验采用顶点竖向的冲击加载方式，网壳模型中心节点须暴露出来以承受冲击试验机锤头的竖向冲击，因此顶点附近的屋面板必须点焊在中心节点的外围，连接方式与其他位置的屋面板连接方式并不相同。屋面板安装步骤是：从内向外，最后合拢。模型屋面板的安装过程如图 7-28 所示。

为了便于观察试验现象，对网壳两个模型进行喷漆,喷漆后的 Model-1 与 Model-2 效果如图 7-29 所示。

7.2.3　测点布置、缺陷测试、材性试验

网壳模型上的节点编号如图 7-30（a）所示。本试验采用的 DEWE-5001 具备 16 个通道，因此将应变片有选择性地布置在较为关注的截面位置，达到用最少的应

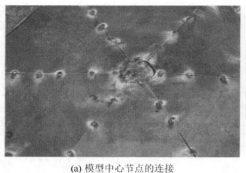
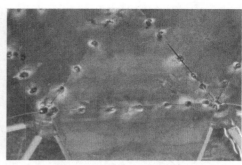

(a) 模型中心节点的连接　　　　　　　　　　　(b) 模型其他节点的连接

(c) 模型屋面板连接图　　　　　　　　　　　(d) 模型屋面板成型图

图 7-28　Model-2 屋面板的安装

(a) Model-1喷漆后成型图　　　　　　　　　　(b) Model-2喷漆后成型图

图 7-29　网壳模型的最终成型图

变布置获取尽量多的应变数据的目的。网壳模型杆件截面上、下端应变片的布置及应变片的编号见图 7-30（b）和（c），不同位置的应变片测量目的见表 7-6。

本组网壳缩尺模型落锤冲击试验采用顶点冲击的方式单点加载，受力状态最为复杂的杆件是与顶点相连接的 6 根，选择其中一根杆件一个方向等距布置三个截面，能最好地了解与冲击作用节点连接杆件应力变化情况。除此以外的其他杆件

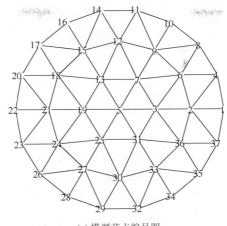

(a) 模型节点编号图

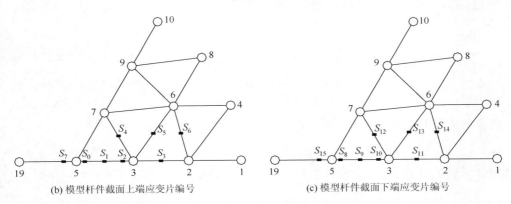

(b) 模型杆件截面上端应变片编号   (c) 模型杆件截面下端应变片编号

图 7-30 网壳模型应变片的布置

受力基本以轴力为主，因此只在杆件的中间截面布置应变片。选取的每个杆件截面在上下对称位置分别布置了一个应变片。靠近节点焊缝的应变片与焊缝之间的距离均为 30mm，可以避免焊接对应变测量结果的影响。

网壳模型的主杆件均用 Q235B 无缝钢管加工。在进行网壳冲击试验前，要先了解钢管的材料特性。本试验通过对无缝焊管进行常温拉伸试验，得到了钢管的极限强度、屈服强度、弹性模量以及应力应变曲线等参数（表 7-7），为在冲击作用下网壳结构的数值分析以及试验结果分析提供参数。

表 7-6 应变片设置

编号	应变片位置	测量目的
1	S_0, S_7, S_8, S_{15}	模型对称性、杆件轴向应力
2	$S_0 \sim S_6$, $S_8 \sim S_{14}$	杆件轴力、弯矩

表 7-7　钢管材性参数表

试件	屈服极限/MPa	强度极限/MPa	极限应变/%	弹性模量/GPa
1	290	410	22.50	199.70
2	240	400	37.50	205.00
3	250	400	23.50	205.80
终值	245	400	22.50	205.40

为得到网壳模型的加工误差和计算网壳破坏后各节点的变形大小，在做网壳冲击试验之前，用徕卡 TC-1201 全站仪测出每个节点的坐标。Model-1 节点的理论坐标与实测坐标最大偏差为 8mm，分析发现误差一般由高度差引起：焊接正九边形底座时，在加工平台上的钢管与加工平台无法直接贴紧，缝隙的存在使中间通过钢管定位的节点高度偏低。Model-1 加工误差 $\max(\Delta d_i/L_i)$ 是 3.270%，$\dfrac{\sum\limits_{i=1}^{37}(\Delta d_i / L_i)}{37}$ 是 0.877%，式中，Δd_i 为节点 i 的坐标偏移量；L_i 为网壳局部坐标系原点到节点 i 的距离。Model-2 节点理论坐标与实际坐标最大偏差为 14mm，比 Model-1 的最大误差大，分析原因如下：除与 Model-1 相同的原因之外，Model-2 测量时的反射片中间隔着屋面板贴在节点上方，导致一部分的反射片粘贴误差，由此引起了附加误差。Model-2 加工误差 $\max(\Delta d_i/L_i)$ 为 2.800%，$\dfrac{\sum\limits_{i=1}^{37}(\Delta d_i / L_i)}{37}$ 为 0.981%。两个网壳模型加工最大误差均小于 4%，加工平均误差均小于 1%，尽管跨度 1.8m 的网壳加工难度大，但加工误差仍较小，加工精度很高。

7.2.4　自振频率测试

通过锤击法测得应变数据，间接得到网壳的第一自振周期。模型就位后，用铁锤分别敲击模型顶点节点，再敲击连接顶点的主杆件，三个截面的应变如图 7-31 所示。图中通道 AI0、AI1、AI2 为主杆件三个截面的上表面的应变数据。

考虑模型的对称性，认为敲击顶点节点后节点上下振动的频率为第一自振频率，这个振动频率与顶点节点相连接的杆件的应变上下变化频率相关。从图 7-31 中可看出，Model-1 的 AI0、AI1、AI2 应变变化频率同步，应变图中应变变化五个完整周期的时间为 27.90ms，可得出平均振动周期为 5.58ms，因此得 Model-1 一阶自振频率为 179.20Hz。从图 7-31 中可看出，Model-2 主杆件应变变化不同步，且每个截面的应变受干扰比较大。原因分析如下：Model-2 是在安装屋面板

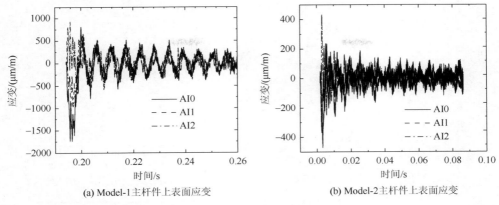

图 7-31　主杆件应变

后敲击顶点节点，因屋面板直接连接各个节点，屋面板上下振动干扰节点的振动，且提高了整体刚度。分别从 AI0、AI1、AI2 取五个完整周期，平均周期分别为 3.59ms、3.40ms、3.49ms，三者取平均值为 3.49ms，因此得到 Model-2 的一阶自振频率是 286.5Hz。Model-2 的自振频率比 Model-1 高是因为安装屋面板后相对刚度增大。

7.2.5　弹性冲击试验

进行网壳结构的弹性冲击试验，目的是研究在弹性范围内网壳模型受到冲击荷载作用时的响应。在进行弹性冲击试验时的落锤锤头质量固定为 100.50kg，在高度为 5mm、8mm、10mm 时分别对 Model-1 和 Model-2 进行冲击加载。试验采集的数据有：①用 DEWE-5001 所采集的 16 个通道共 8 个截面的应变数据；②用 Phantom V310 高速摄像机以 4200 帧的频率进行全程摄像获得的图片。在试验准备的过程中，Model-2 带屋面板模型的应变片 AI5 损坏，处理试验数据时忽略了 Model-2 与 AI5 相对应的下表面 AI13 的应变数据，不影响试验效果。由于响应近似，本节主要以 10mm 冲击高度的结果为例进行介绍。

对于表 7-5 中的工况 3 和 6，即 10mm 高度冲击两网壳模型，比较 Model-1 与 Model-2 的主杆件 H_0、H_1、H_2 三个截面的轴向平均应力与弯矩时程曲线，如图 7-32 所示，一些数据则被归纳列于表 7-8 中。

表 7-8　10mm 冲击高度作用下 Model-1 与 Model-2 动力响应的对比

	第一次冲击持时	冲击间隔	主杆轴向应力幅值	弯矩幅值
Model-1	32.00ms	61.70ms	−109.00MPa	35.70MPa
Model-2	19.80ms	54.20ms	−82.80MPa	27.70MPa
相对变化	−38.13%	−12.16%	−24.04%	−22.41%

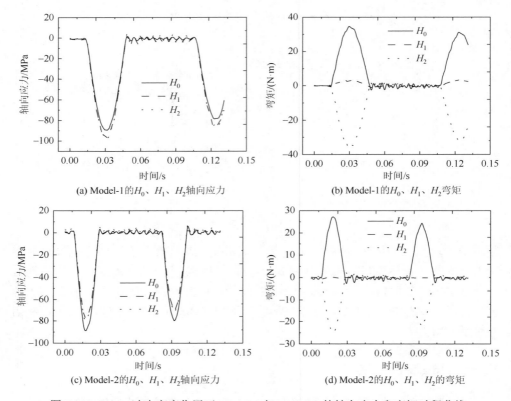

(a) Model-1的H_0、H_1、H_2轴向应力

(b) Model-1的H_0、H_1、H_2弯矩

(c) Model-2的H_0、H_1、H_2轴向应力

(d) Model-2的H_0、H_1、H_2的弯矩

图 7-32　10mm 冲击高度作用下 Model-1 与 Model-2 的轴向应力和弯矩时程曲线

　　弹性冲击试验所有工况，都用高速摄像机全程拍摄。以工况 3（Model-1，$m = 100.50\text{kg}$，$h = 0.010\text{m}$）为例，高速摄像机拍摄过程如图 7-33 所示。因为弹性冲击作用下网壳处于弹性变形范围，变形都很小，摄像时拍摄的范围比较大，拍摄结果只能辅助确定冲击接触的时间。

　　对 Model-1 与 Model-2 的应变数据进行分析对比，结果如表 7-9 所示，可以看出：Model-1 模型对称性较好，Model-2 模型对称性较 Model-1 模型稍差；Model-1 与 Model-2 随着冲击高度的提升，第一次冲击持时均减小，冲击间隔均增大，主杆应力幅值绝对值均增大，弯矩幅值均增大。这是由于对同一个网壳模型，冲击高度越高，获得的冲击能量就越大，冲击持时越小，冲击力越大，杆件动力响应越大；相同冲击高度情况下，Model-1 的第一次冲击持时比 Model-2 的第一次冲击持时大，杆件动力响应也更大。原因是 Model-2 中屋面板的存在加大了模型的刚度，因而冲击持时更短。

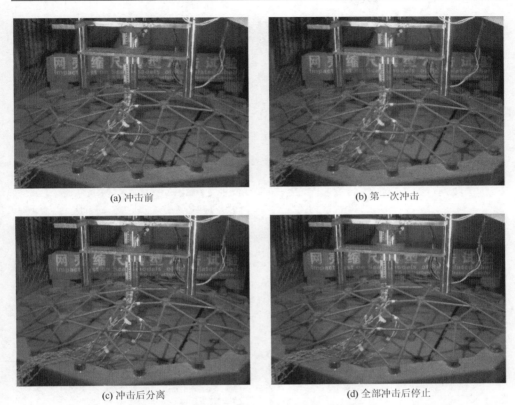

(a) 冲击前　　　　　　　　　　　　　　　　(b) 第一次冲击

(c) 冲击后分离　　　　　　　　　　　　　(d) 全部冲击后停止

图 7-33　10mm 冲击高度作用下 Model-1 试验过程（高速摄像）

表 7-9　Model-1 与 Model-2 响应对比

模型	冲击高度/mm	第一次冲击持时/ms	冲击间隔/ms	主杆轴向应力幅值/MPa	弯矩幅值/MPa
Model-1	5	40.30	12.10	−45.60	12.70
	8	32.90	49.10	−92.80	30.50
	10	32.00	61.70	−109.00	35.70
Model-2	5	22.00	22.40	−44.00	12.20
	8	20.00	42.30	−74.80	25.30
	10	19.80	54.20	−82.80	27.70

　　当冲击高度 h 等于 5mm 时，Model-1 比 Model-2 冲击间隔小很多，而 h 大于等于 8mm 时，两种模型冲击间隔均增大，但 Model-2 的涨幅较小，这是因为当冲击高度较低时，Model-1 耗能大于吸收冲击能量转换的弹性势能，第一次冲击之后能量损耗较快，Model-2 则相反，具有较大的冲击间隔。冲击高度较高时两个模型的耗能比例都相应降低，因此具有更长的冲击间隔，又因为 Model-2 比

Model-1 的耗能能力更好，因而冲击间隔更短。

7.2.6 破坏性冲击试验

破坏性冲击试验的落锤锤头质量仍然为 100.50kg，落锤从 3.2m 的高度自由落体分别对 Model-1 和 Model-2 进行冲击。

Model-1 在工况 7（$m = 100.50$kg，$h = 3.2$m）作用下发生破坏，产生较大塑性变形，见图 7-34。从图 7-34 中可以看出，顶点节点及第 1 环节点整体向下凹陷，并

(a) Model-1网壳模型破坏前效果图

(b) Model-1网壳模型破坏后效果图

(c) Model-1网壳模型破坏后侧视图

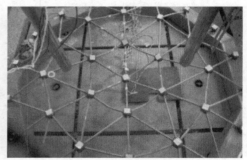
(d) Model-1网壳模型破坏后俯视图

(e) Model-1网壳模型中心节点变形图

(f) Model-1网壳模型中心环变形图

图 7-34　Model-1 破坏前后效果图

表现出非常好的对称性；模型连接顶点及第 1 环节点的六根杆件只在连接节点处有微微弯曲，杆件大部分呈直线；第 1 环以内的径杆均在顶点方向有一定角度的倾斜，第 1 环环向六根环杆在跨中呈现较大的向下弯曲；第 2 环节点有较小的向下变形，几乎无倾斜，第 2 环径杆向下有轻微的倾斜，第 2 环环向杆件在跨中向下有微小弯曲。

Model-1 破坏后大部分应变片已超过了量程，数据失真，所以应变数据不作为关注重点。量测了 Model-1 破坏后节点相对坐标，各环节点高度变化的平均值如表 7-10 所示。从表 7-10 可见：顶点节点的高度减小 0.231m，比网壳初始矢高 0.195m 大，可知网壳破坏程度较大，且第 2 环以内杆件向下均有较大倾斜呈倒塌状，失效模式为整体倒塌。

由全程正常工作的应变片记录的应变数据可知：落锤在第一次冲击 Model-1 网壳模型的冲击持续时间 86.8ms 之后弹起一定的高度，间隔时间 398.9ms 落锤第二次冲击网壳。由高速摄像机的摄像及应变数据的记录可知，在第一次与第二次冲击的间隔期，网壳顶点共上下振动 17 次，平均每次的振动周期为 23.5ms。

表 7-10　**Model-1 网壳模型破坏后各环节点高度变化**

	顶点	第 1 环节点	第 2 环节点	第 3 环节点
节点高度变化平均值/m	−0.231	−0.121	−0.025	0.000

Model-2 网壳模型在工况 8（$m = 100.50\text{kg}$，$h = 3.20\text{m}$）作用下也发生了破坏，详见图 7-35。从图 7-35 可见：顶点有较大的凹陷，第 1 环节点也向下凹陷较多，第 2 环节点基本上没有向下凹陷。从 Model-2 网壳模型的屋面板变形看，其对称性也比较好，但由于连接顶点节点与第 1 环杆件的六根杆件在冲击过程中一侧四根杆件断裂，从而落锤没有完整弹起再落下的过程。

(a) Model-2 网壳模型破坏前效果图　　　　　　　　(b) Model-2 网壳模型破坏后效果图

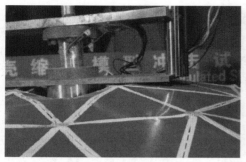

(c) Model-2网壳模型破坏后侧视图　　　　　　　(d) Model-2网壳模型破坏后俯视图

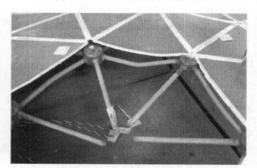

(e) Model-2网壳模型中心节点破坏图　　　　　　(f) Model-2网壳模型第1环杆件破坏图

图 7-35　Model-2 破坏前后效果图

　　Model-2 破坏后与 Model-1 相同的是大部分应变片都已超过量程。量测了 Model-2 网壳模型破坏后的节点相对坐标，各环节点高度变化平均值如表 7-11 所示。从表 7-11 可见顶点节点高度减小了 0.120m，与网壳的初始形态相比，仅第 1 环节点有轻微的凹陷，Model-2 网壳模型的失效模式是局部凹陷。

表 7-11　Model-2 网壳模型破坏后各环节点高度变化

	顶点	第 1 环节点	第 2 环节点	第 3 环节点
节点高度变化平均值/m	−0.120	−0.039	−0.004	0.000

　　由全程正常工作的应变片所记录的应变数据可知，落锤第一次冲击网壳模型 Model-2 的持续时间为 112ms，落锤冲破节点后弹起较小的高度又进行了第二次冲击，但由于第二次冲击并不是冲击到顶点，所以冲击间隔时间无意义。相较于 Model-1 网壳模型的破坏而言，Model-2 网壳模型第一次冲击持时较长。原因有以下两方面：①Model-2 网壳模型的顶点节点被落锤冲破后，不能提供足够大的反力使落锤以更大的加速度减速；②由于屋面板的存在，Model-2 网壳模型的变形能力比不带屋面板的 Model-1 网壳模型大。

对两个网壳模型在相同高度冲击下的破坏形态进行对比可得如下结论：①Model-1 破坏模式为整体倒塌，Model-2 的破坏模式为局部凹陷，两者破坏模式差别显著，说明了屋面板对单层球面网壳在冲击荷载作用下的失效模式有影响；②Model-1 的对称性要比 Model-2 的对称性好。

7.2.7　数值分析及与试验对比

1. 建立有限元模型

考虑加工误差，用实测得到的节点坐标对网壳模型建模。Model-1 与 Model-2 网壳模型的主体结构相同，杆件都采用 $\Phi14mm\times2mm$ 圆钢管截面，在最外环节点处设支座，采用三向铰支的约束方式。Model-2 模型为带屋面板网壳模型，考虑屋面板的加工方式，在 Model-1 网壳模型节点上方建立一段与实际节点截面相同的梁单元，此梁单元的上端节点用来支承屋面板。根据冲击试验的实际情况，采用网壳顶点冲击方式进行加载，实际冲击物是细长圆柱体，冲击物直径为 60mm，长度为 300mm。两个网壳冲击数值模型见图 7-36。

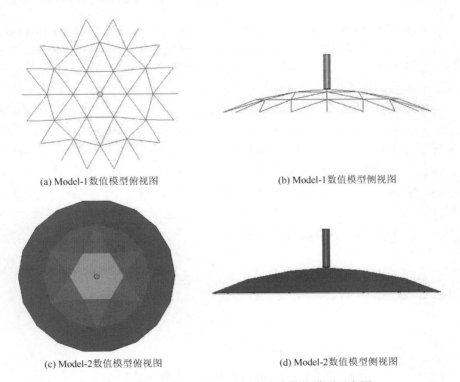

(a) Model-1 数值模型俯视图　　　　　　　(b) Model-1 数值模型侧视图

(c) Model-2 数值模型俯视图　　　　　　　(d) Model-2 数值模型侧视图

图 7-36　Model-1 与 Model-2 网壳冲击数值模型示意图

数值模型中的全部杆件以及屋面板的支杆均采用梁单元 Beam161，Beam161 是一种由三个节点定义的梁单元，由 Beam161 单元可以定义很多种截面的杆件。冲击锤头建模时采用实体单元 Solid164，Solid164 单元有八个节点，每个节点都有三个方向的位移、速度、加速度，共 9 个自由度，但是只有节点的位移是实际物理自由度。Solid164 单元不设置实常数，单元体积应不为 0。Model-2 模型中 1.50mm 厚的屋面板用薄壳单元 Shell163 定义，Shell163 单元为四节点空间薄壳单元，每个节点有十二个自由度。Shell163 单元有弯曲和膜的特征，可对其施加平面荷载和法向荷载。

网壳所有杆件和屋面板都选用分段线性塑性模型，参数选取钢管拉伸试验的结果。冲击物锤头建模选用刚体材料模型。数值模拟采用罚函数法，冲击落锤和网壳节点之间的接触考虑两者发生摩擦时的相互作用，摩擦因数 μ 按钢与钢接触时的系数选取，静摩擦系数选用 0.15，动摩擦因数选用 0.1。接触类型选点面接触和自动面面接触，所指定的点面接触的优点是界面力的结果可在 rcforc 文件中写出，因锤头冲击屋面板时无法确定接触参数而采用自动面面接触。

2. 自振频率数值分析

应用 ANSYS/Multiphysics 数值模拟得到模型的自振频率。模型中用 Beam188 单元建立网壳杆件和檩托，用壳单元 Shell163 建立屋面板，通过三点连接直接将屋面板连接在节点上，网壳杆件在节点处直接相交，用质量单元 Mass21 施加节点质量 0.213kg 来代表节点处的实际质量，支座设置为三向固定铰支座。

用 ANSYS 计算出 Model-1 的前三阶振型如图 7-37 所示，前三阶振型对应的自振频率分别是 181.67Hz、181.67Hz、189.53Hz。试验得到一阶自振频率为 179.2Hz，比数值计算得到结果小 1.36%，数值计算结果应认为较准确，可证明建模的准确性。Model-2 的前数十阶振型都以屋面板的局部振型为主，见图 7-38。模态分析中第 98 阶振型自振频率为 275.1Hz，从该阶开始更高阶振型都以网壳杆件的变形为主，以屋面板变形为辅，与试验结果中 Model-2 以杆件变形为主的一阶自振频率 286.5Hz 相差 4.0%，也验证了数值建模的准确性。

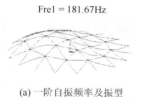
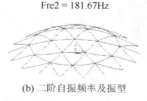
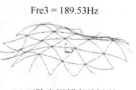

Fre1 = 181.67Hz　　　　　　Fre2 = 181.67Hz　　　　　　Fre3 = 189.53Hz

(a) 一阶自振频率及振型　　　(b) 二阶自振频率及振型　　　(c) 三阶自振频率及振型

图 7-37　Model-1 前三阶自振频率和振型

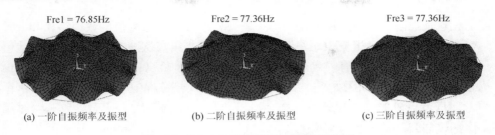

Fre1 = 76.85Hz　　　　Fre2 = 77.36Hz　　　　Fre3 = 77.36Hz

(a) 一阶自振频率及振型　　　(b) 二阶自振频率及振型　　　(c) 三阶自振频率及振型

图 7-38　Model-2 前三阶自振频率和振型

3. 弹性冲击作用数值分析及与试验的对比

网壳模型弹性冲击的仿真总计算时间取为 0.20s，计算步长为 0.00010s。以 Model-1 模型工况 2（$m = 100.50$kg，$h = 0.008$m）为例。取 Model-1 三个主要杆件的截面 H_1、H_3、H_4 的轴向应力的数值结果与试验结果进行对比，结果如图 7-39 所示。由图 7-39 可见，第一次冲击的接触时间数值计算结果与试验结果非常接近，数值计算结果 31.50ms 与试验结果 32.90ms 相差 4.3%，说明接触的设置及接触刚

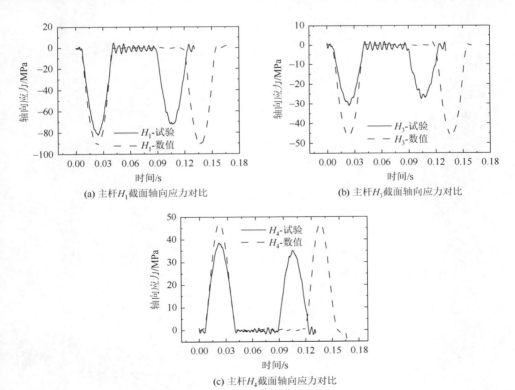

(a) 主杆H_1截面轴向应力对比

(b) 主杆H_3截面轴向应力对比

(c) 主杆H_4截面轴向应力对比

图 7-39　8mm 冲击高度作用下 Model-1 主杆的轴向应力对比

度的设置是正确的。第一次冲击作用下主要杆件轴向应力幅值的数值结果和试验趋势接近，峰值最大相差 35% 左右。第一次冲击与第二次冲击的时间间隔的数值计算结果与试验结果也有一定的偏差，数值计算结果 73.60ms 与试验结果 49.10ms 相差 49.90%，分析原因如下：实际网壳模型在试验过程中有一定的阻尼，落锤冲击顶点节点时的能量损耗要比数值计算中的能量损耗大，从而导致试验时第一次冲击后弹起的高度（$h = gt^2/8$）比数值计算得到的低 24.9%，这也间接导致了第二次冲击时数值计算的应力比试验结果的应力大很多。

　　同样对 Model-1 在工况 3（$m = 100.50\text{kg}$，$h = 0.010\text{m}$）作用下的 H_1、H_3、H_4 截面轴向应力试验和数值结果进行对比，如图 7-40 所示。由图 7-40 可见，第一次冲击接触时间数值计算结果 32.80ms 与试验结果 32.0ms 相差 2.5%。第一次冲击时主要杆件的轴向应力幅值也比较接近，H_1 与 H_4 截面轴向应力结果均吻合较好，H_3 截面轴向应力误差较大（约 28%）。两次冲击间隔的数值计算结果 88.8ms 与试验结果 61.7ms 相差 43.92%，第一次冲击后弹起高度数值计算与试验结果相差 19.20%。

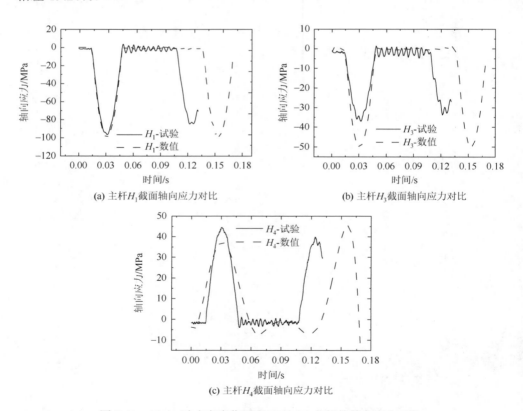

(a) 主杆H_1截面轴向应力对比　　　　　　　　(b) 主杆H_3截面轴向应力对比

(c) 主杆H_4截面轴向应力对比

图 7-40　10mm 冲击高度作用下 Model-1 主杆的轴向应力对比

Model-2 网壳模型工况 5（$m = 100.50\text{kg}$，$h = 0.008\text{m}$）和工况 6（$m = 100.50\text{kg}$，$h = 0.010\text{m}$）的对比结果如图 7-41 和图 7-42 所示，对比效果基本与上述相同，不再赘述。总结以上弹性冲击数值分析和试验结果可知，除获得了网壳模型的弹性冲击响应外，还可以看出数值仿真获得的响应与试验结果数值及趋势比较接近，证明本书屋面板数值建模及冲击仿真方法基本可靠。

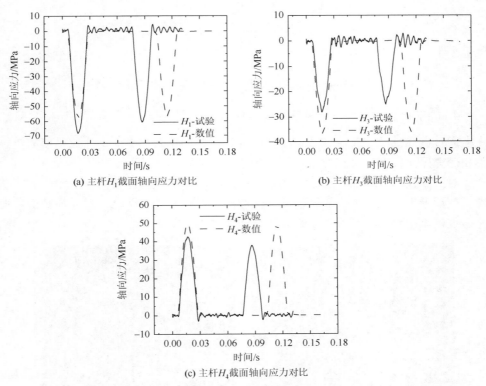

(a) 主杆 H_1 截面轴向应力对比　　　　　　　(b) 主杆 H_3 截面轴向应力对比

(c) 主杆 H_4 截面轴向应力对比

图 7-41　8mm 冲击高度作用下 Model-2 主杆的轴向应力对比

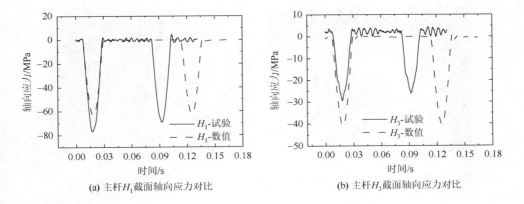

(a) 主杆 H_1 截面轴向应力对比　　　　　　　(b) 主杆 H_3 截面轴向应力对比

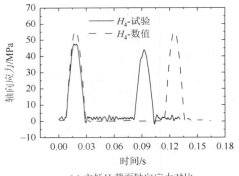

(c) 主杆H_4截面轴向应力对比

图 7-42　10mm 冲击高度作用下 Model-2 主杆的轴向应力对比

4. 破坏冲击作用数值分析及与试验的对比

通过破坏性冲击工况的数值模拟结果和试验结果对比来验证计算模型的正确性和研究屋面板对网壳在冲击作用下失效模式的影响。

对网壳模型 Model-1 工况 7（$m = 100.50\text{kg}$，$h = 3.200\text{m}$）进行对比。高速摄像机较清晰地拍摄了网壳模型的破坏性冲击全过程，见图 7-43，对应的数值模拟冲击过程见图 7-44，最终失效模式对比见图 7-45。

(a) 高速摄像第一次冲击前　　　　　　　　　(b) 高速摄像第一次冲击结束

(c) 高速摄像第一次冲击后弹起　　　　　　　(d) 高速摄像n次冲击后停止

图 7-43　高速摄像得到的 Model-1 破坏冲击过程

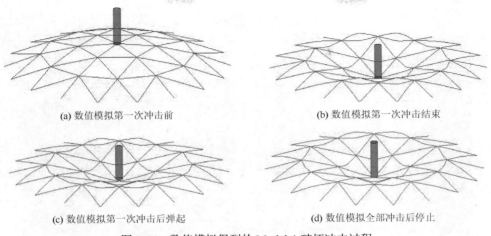

(a) 数值模拟第一次冲击前　　　　　　　　(b) 数值模拟第一次冲击结束

(c) 数值模拟第一次冲击后弹起　　　　　　(d) 数值模拟全部冲击后停止

图 7-44　数值模拟得到的 Model-1 破坏冲击过程

(a) 试验结果　　　　　　　　　　　　　　(b) 仿真结果

图 7-45　Model-1 网壳模型最终失效模式对比

对比最终破坏时试验和数值计算的各个节点坐标变化是最直观的：顶点节点高度变化平均值数值计算结果–0.266m 与试验结果–0.231m 相差 15.2%；第 1 环节点高度变化平均值数值结果–0.139m 与试验结果–0.121m 相差 14.9%；第 2 环节点高度变化平均值数值结果–0.030m 与试验结果–0.025m 相差 20%。考虑到破坏性冲击的复杂性以及材料模型无法完全正确模拟真实的材料性能，数值模拟的整体破坏形态已比较接近试验结果。结果对比见表 7-12。

表 7-12　破坏性冲击 Model-1 节点高度变化对比表

高度变化平均值	顶点	第 1 环节点	第 2 环节点	第 3 环节点
试验结果/m	–0.231	–0.121	–0.025	0.000
数值结果/m	–0.266	–0.139	–0.030	0.000
误差/%	15.2	14.9	20	—

对带屋面板模型 Model-2 也进行了冲击过程模拟，即工况 8（$m = 100.50$kg，$h = 3.200$m），高速摄像机拍摄的 Model-2 破坏性冲击过程及与数值对比见图 7-46 和图 7-47。

(a) 试验第一次冲击前　　　　　　　　　　　(b) 试验冲击结束

(c) 数值模拟第一次冲击前　　　　　　　　(d) 数值模拟冲击结束

图 7-46　Model-2 破坏冲击过程（高速摄像与数值模拟对比）

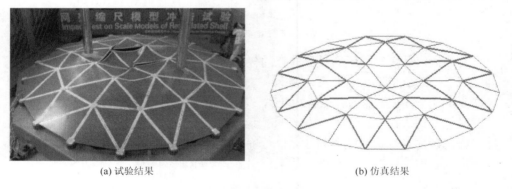

(a) 试验结果　　　　　　　　　　　　(b) 仿真结果

图 7-47　Model-2 网壳模型最终失效模式对比

网壳模型 Model-2 试验中的失效模式为局部凹陷，且顶点节点 5 与第 1 环节点 13、25、29 的连接杆件在顶点节点 5 附近提前断裂。由前面弹性冲击试验的分析可知，Model-2 网壳模型顶点与第 1 环节点的杆件连接对称性不够好，因此在模拟中不能较好地体现出这种非对称性。

依然取最终破坏时各节点高度变化进行讨论：顶点节点高度变化平均值数值结果–0.136m 与试验结果–0.120m 相差 13.3%；第 1 环节点高度变化平均值数值结果–0.048m 与试验结果–0.039m 相差 23.1%；第 2 环节点高度变化平均值数值结果–0.005m 与试验结果–0.004m 相差 25%。结果对比如表 7-13 所示。

表 7-13 破坏性冲击 Model-2 节点高度变化对比表

高度变化平均值	顶点	第 1 环节点	第 2 环节点	第 3 环节点
试验结果/m	−0.120	−0.039	−0.004	0
数值结果/m	−0.136	−0.048	−0.005	0
误差/%	13.3%	23.1%	25%	—

通过以上分析可以看出，对于网壳模型 Model-1，顶点节点和第 1 环节点均凹陷较多，第 2 环以内的杆件呈向下倒塌状，失效模式为整体倒塌。对网壳模型 Model-2，由于屋面板增加了结构的整体刚度，尽管网壳中心节点连接杆件冲击时提前断裂，但从能量角度考虑，对最终的破坏形态影响不大，网壳模型最终破坏时只有第 1 环内杆件向下倾斜，顶点节点和第 1 环节点向下凹陷，屋面板并没有向下大面积凹陷，失效模式为局部凹陷。

7.3 本 章 小 结

作为对数值仿真研究的必要补充，本章开展了两组落锤冲击试验。试验一验证了网壳结构存在的两种冲击破坏模式，直观地观察到了结构局部凹陷和结构整体倒塌；试验二则在试验模型设计与加工上更为复杂，除了考察了网壳结构的冲击破坏模式，还考察了安装屋面板对网壳结构冲击破坏模式的影响，试验中模型从整体倒塌转变为局部凹陷。除此之外，还分别对这些冲击试验过程进行了有限元建模和仿真，数值仿真的结果与试验现象基本吻合，这也验证了本书所采用的数值仿真技术的可靠性，使得前述各章的研究结论更为可信。

参 考 文 献

李海旺，郭可，魏剑伟，等. 2006. 冲击载荷作用下单层球面网壳动力响应模型实验研究. 爆炸与冲击，26（1）：39-45.

赵宪忠，闫伸，陈以一. 2016. 空间网格结构连续性倒塌试验研究. 建筑结构学报，37（6）：1-8.

Astaneh-asl A. 2003. Progressive collapse prevention in new and existing buildings. Proceedings of the 9th Arab Structural Engineering Conference，9：253-359.

Tan S，Astaneh-asl A. 2003. Cable-based retrofit of steel building floors to prevent progressive collapse. Berkeley：University of California.

第8章　网壳结构遭受飞机撞击效应研究

　　恐怖主义在近些年相当活跃，其活动大致可分为炸弹袭击、屠杀平民、飞机劫持等。在"9·11"恐怖袭击事件中，恐怖分子利用劫持的飞机撞击建筑物造成了巨大的人员伤亡、经济损失和社会影响；除此之外，飞机等飞行物因飞行事故等撞击建筑物的情况也时有发生。因此，研究网壳结构在飞机等飞行物冲击作用下的表现对评估网壳结构的反恐能力具有现实意义。

　　前述研究已经表明，冲击物的尺寸、材料属性、考虑屋面系统等都对网壳结构的抗冲击性能和破坏表现有显著影响，这说明在对网壳结构遭受飞机撞击的仿真中，应该考虑飞机这种撞击物的形状参数和材料属性，获得的结果才会准确。实际飞机的材料、尺寸、构造均非常复杂，本章通过适当的建模简化来进行飞机撞击网壳过程的仿真，简化原则是把握关键影响因素、构造力求简单以减少单元数，达到节省计算资源和计算时间的目的；飞机有限元模型的外形、尺寸、质量分布尽可能与实际情况接近，但不纠结于飞机的细部具体构造。选用庞巴迪挑战者 850 小型客机作为本章研究的飞行器原型，该小型飞机模型的尺度与本书研究的网壳跨度也比较协调；该飞机模型油箱在机身内，不考虑冲击过程中的爆炸问题。在飞机模型建立后，本章考虑飞机以不同飞行姿态冲击网壳多个位置，揭示实际网壳在飞机撞击下可能发生的失效模式，并对屋面系统对网壳失效模式的影响进行讨论。

8.1　利用 Riera 模型对飞机撞击网壳的模拟

　　一些学者对飞机撞击刚体结构或简单弹性结构的冲击力时程曲线进行了探讨，认为该曲线形状与飞机的质量分布有关，也与飞机其他自身特性相关，例如，Riera（1980）提出了波音 707 撞击刚体结构的冲击力模型。随着计算机和有限元技术的不断发展，对飞机撞击结构的模拟越来越精细，研究也越来越深入。通过对飞机进行实体建模来对碰撞过程进行仿真，并提取冲击力时程曲线与 Riera 的模型进行比较发现，飞机的失效形态与 Riera 研究的结果是吻合的。本节即利用该方法研究网壳结构的破坏模式，选取 Riera 模型曲线，该模型曲线是模拟飞机为波音 707 客机，质量为 127.5t，撞击速度为 120m/s，冲击力时程曲线如图 8-1 所示。网壳结构仍选取前文所采用的 60m 跨单层 K8 网壳，屋面质量为 60kg/m²。

　　飞机在撞击结构时，一般为水平撞击，或与水平呈一定角度。飞机尺寸较大，可能实现多节点冲击的情况，因此选取飞机水平撞击网壳上节点 1 或同时撞击节点 1 和节点 2 两种情况进行分析。

　　飞机撞击网壳时，网壳结构所受到冲击荷载的方向是不确定的，该方向与结构产生的变形也有关。假设网壳不产生变形，撞击力将以被冲击节点的法向分量为主，切向作用较小；而如果考虑撞击下产生凹坑或穿透网壳，冲击力沿水平方向较大。考虑各种因素，分别采用水平冲击加载（方向 A）和将水平冲量沿法向分量加载（方向 B）两种方式（图 8-2），对网壳在飞机撞击下的失效进行模拟。

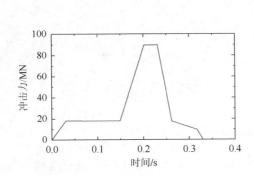

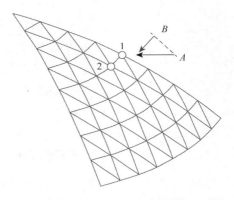

图 8-1　Riera 模型冲击力时程曲线　　　　　图 8-2　力时程曲线加载位置和方向

　　四种加载方式对应的网壳的最终变形如图 8-3 所示。

　　对于完全水平加载（图 8-3（a）和（b）），被冲击节点附近的杆件发生破坏，而结构整体几乎没有受到影响，也就是说利用此方式模拟飞机撞击网壳结构时，网壳不会发生凹陷和倒塌，这与实际情况很难相符；而若考虑法向分量加载，考虑冲击力只作用在一个节点上时，网壳会产生较大范围的凹陷（图 8-3（c）），而考虑两个节点同时承担冲击力时，结构会发生整体倒塌（图 8-3（d））。

　　由上述分析可见，当采用 Riera 模型对网壳加载时，沿法向分量加载、多节点同时加载时，网壳结构的破坏更加严重。

　　采用不同仿真加载方式研究网壳的响应时，获得了不同的结果，而且失效模式差别巨大。因此可以认为，通过 Riera 模型确切地了解飞机撞击网壳的过程是很难的，主要有以下原因。

　　（1）飞机的形状不规则，飞机对网壳的撞击并不能简单地简化为单节点或两个节点的碰撞。机翼、发动机、尾翼等对网壳也有一定的撞击作用，后续研究已经发现机翼对结构的撞击是不能忽略的。

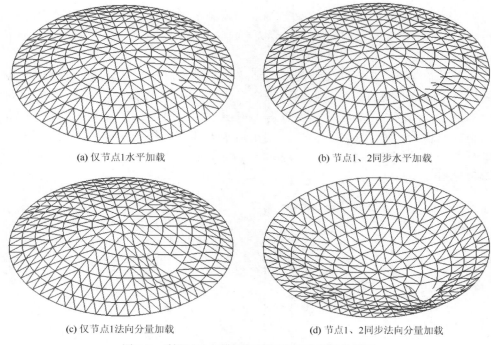

(a) 仅节点1水平加载　　　　　　　　　　　(b) 节点1、2同步水平加载

(c) 仅节点1法向分量加载　　　　　　　　　(d) 节点1、2同步法向分量加载

图 8-3　利用 Riera 模型加载网壳结构的最终变形

（2）冲击力时程曲线为飞机撞击刚体结构的冲击力曲线，冲击荷载与结构的特性是密不可分的，飞机撞击刚体结构与飞机撞击网壳结构的冲击力时程曲线必然有所差异。因此用于模拟网壳抗冲击分析会有一定误差。

（3）飞机撞击网壳过程中，结构变形是不确定的，且时时变化，不同形态下飞机与网壳作用力的方向也是不确定的。

因此，要想较为准确地掌握网壳结构的冲击破坏响应，有必要通过建立飞机有限元模型的方式，对飞机撞击网壳的过程进行模拟。

8.2　飞机模型及撞击刚体结构模拟

飞机的材料、尺寸、构造都是较复杂的且很多是保密的，查找具体的构造资料也很困难。本节通过建立简化飞机模型的方法，对飞机撞击网壳的过程进行全过程模拟。综合过往学者对飞机撞击结构的分析方法，确定飞机模型的原则如下。

（1）选取的飞机尺度与网壳的跨度协调，研究大型飞机撞击常规跨度的单层球面网壳没有意义，本章考虑小型飞机对 60m 跨度网壳的冲击作用。

（2）有限元模型的外形尽可能接近，尺寸、质量相近，但不纠结于飞机的具体细部构造，细部构造对飞机的冲击性能影响较小。

（3）通过飞机撞击刚体结构的失效形态、冲击力时程曲线与经典模拟结果对照，验证飞机模型的准确性。

（4）飞机有限元模型构造应力求简单、单元数少，节省计算资源和计算时间，便于分析。

根据以上原则，选用小型客机（庞巴迪挑战者 850）（Huber，2016），该飞机机长约 27m，翼展约 21m，满载时质量为 24.5t，该飞机的尺度与所分析网壳结构的比例较为合适。

根据飞机使用手册上的尺寸资料，在 AutoCAD 中建立了飞机的几何模型，将文件存为 sat 文件，并将模型导入 ANSYS/LS-DYNA 中建立飞机的有限元模型，开展前处理工作。飞机模型采用壳单元 Shell163 模拟，有限元模型如图 8-4 所示。根据这款飞机的技术资料，此飞机的发动机在飞机尾部，且油箱位于机身内，因此该模型机翼较薄，考虑撞击结构时机翼会有一定变形，因此机翼尖端采用单层壳单元，而非箱型截面。

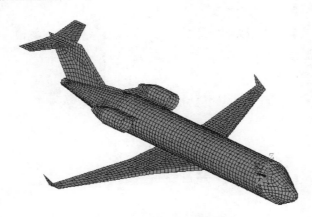

图 8-4　飞机的有限元模型

利用该飞机模型撞击刚体结构，与经典模拟进行比对。根据 Riera 等的研究成果，飞机撞击刚体结构的荷载曲线应反映飞机的质量分布；飞机撞击刚体结构后，机头发生层叠状屈曲而被压扁。在本书的有限元模拟中，飞机撞击刚体结构的变形过程如图 8-5 所示，飞机头部在与刚体结构碰撞的过程中被压扁，最终变形与 Riera 等的研究结论十分接近。

该飞机的发动机位于机翼和尾翼之间，因此应考虑飞机机翼、发动机的影响，飞机中后部质量较大，飞机头部至机翼前端质量分布较均匀。飞机撞击刚体结构的冲击力时程曲线如图 8-6 所示，该曲线在最初 0.03s 时间内巨幅振荡，在 0.07s 左右时达到峰值，而后呈降低趋势。总体而言，该冲击力时程曲线的形状与飞机质量分布接近。

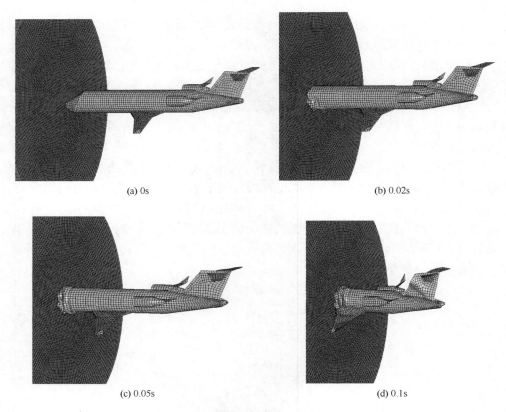

(a) 0s　　　　　　　　　　　　　　　　　(b) 0.02s

(c) 0.05s　　　　　　　　　　　　　　　　(d) 0.1s

图 8-5　飞机撞击刚体结构的变形过程

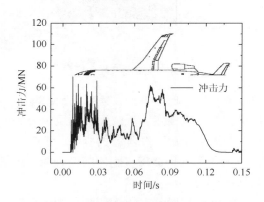

图 8-6　飞机撞击刚体结构的冲击力时程曲线

综上，通过对飞机撞击刚体结构的破坏形态以及飞机冲击力时程曲线形状的验证，可以认为该飞机模型基本满足网壳抗冲击分析的需要。

8.3　网壳结构的飞机撞击响应与破坏模式

本节采用对飞机进行实体建模的方式仿真其撞击网壳结构的过程。网壳结构选取前面所采用的 60m 跨度 K8 单层球面网壳,屋面质量为 60kg/m²。此处需要特别指出的是,网壳的阻尼取阻尼比 $\xi = 0.02$,通过 Rayleigh 阻尼的方式在 LS-DYNA 中予以考虑,其中质量比例阻尼 $\alpha = 0.765$,刚度比例阻尼 $\beta = 5.197 \times 10^{-5}$。

网壳结构属于大跨空间结构,此类建筑距地面高度有限,若飞机撞击网壳结构,一般通过减速的方式才能接近地面,类似于飞机在机场降落时要减速一样,因此考虑冲击物撞击网壳的速度并不是飞机的正常飞行速度,而是有所减小,本书选取的撞击速度为 100m/s。

一般而言,客机的飞行姿态为机身水平,且飞机飞行速度为以水平速度为主,即撞击方式 1(表 8-1);若考虑在接近网壳的过程中,飞机也有一定的竖向速度,则采用撞击方式 2 来模拟;本书也对飞机 30°俯冲撞击网壳进行了模拟,即撞击方式 3,尽管这种飞行方式在实际中并不常见。

表 8-1　飞机撞击方式及撞击速度

编号	飞机飞行姿态及撞击方式		撞击速度/(m/s)	
撞击方式 1	水平撞击 姿态水平		水平方向	100
			竖直方向	0
			合速度	100
撞击方式 2	倾斜撞击 姿态水平		水平方向	98.0
			竖直方向	20
			合速度	100
撞击方式 3	俯冲撞击 30°倾斜		水平方向	86.6
			竖直方向	50
			合速度	100

飞机接近网壳过程中,网壳结构往往在飞机的前下方,大致如图 8-7 中视角所示,因此飞机撞击图中点 A 附近可能性最大,因此主要对撞击点 A 进行研究。同时对撞击方式 2 也考虑了撞击点 B 和点 C 的情况。飞机撞击网壳背面(沿飞行方向)的可能性很小,在此不予讨论。

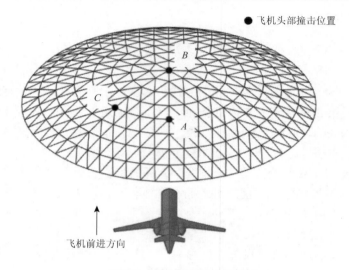

图 8-7　飞机撞击网壳位置

因此考虑飞机以撞击方式 1、2、3 撞击点 A，以及以撞击方式 2 撞击点 B、C 共五种情况，以下分别进行讨论。

8.3.1　飞机以撞击方式 1 撞击点 A

飞机撞击网壳的方式如图 8-8 所示，飞机以水平姿态、水平速度撞击第 4 环主肋上的节点（点 A）。

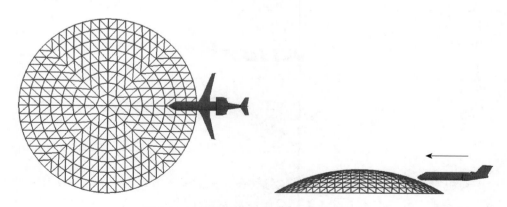

图 8-8　飞机以撞击方式 1 撞击点 A 示意图

网壳在飞机撞击下的变形发展过程如图 8-9 所示。

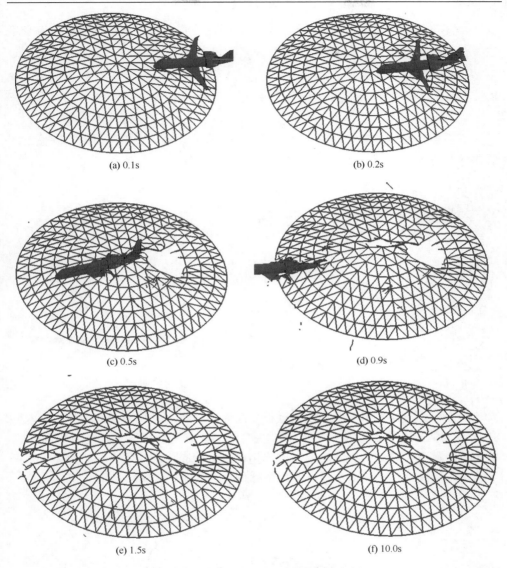

图 8-9　网壳在飞机撞击下的变形发展过程

　　飞机头部首先与网壳接触，冲击区的杆件断裂，飞机头部随即进入网壳内部；随着飞机向前继续前进，飞机的机翼与网壳碰撞，机翼产生变形，网壳破坏面积明显增大，冲击作用效果明显；此后，飞机的机翼也进入网壳内部，飞机尾翼对网壳产生"切割"作用，网壳顶部产生条状开口；然后飞机飞出了网壳，网壳变形继续发展，最终没有发生整体倒塌。整个过程中，被撞击的杆件均以发生剪切破坏为主。

由此可见，飞机撞击网壳时与撞击刚体时的变形有很大差异。飞机的机身不会轻易被压扁，飞机会进入网壳结构内部。

8.3.2　飞机以撞击方式 2 撞击点 *A*

飞机撞击网壳的方式如图 8-10 所示，飞机以水平姿态、斜向下的方向撞击网壳第 4 环主肋上的节点（点 *A*）。

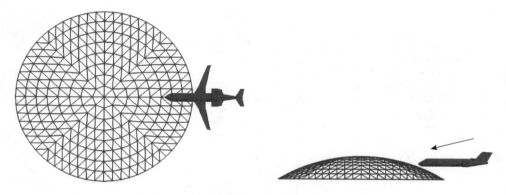

图 8-10　飞机以撞击方式 2 撞击点 *A* 示意图

网壳在飞机撞击下的变形发展过程如图 8-11 所示。飞机与网壳的作用特点与8.3.1 节相似，故不做过细介绍。不同的是，此工况下飞机有一定竖直向下的速度，故飞机尾翼并没有与网壳发生明显的作用便进入网壳内部。网壳在被撞击区域产生一定范围的破坏，但最终没有发生整体倒塌。

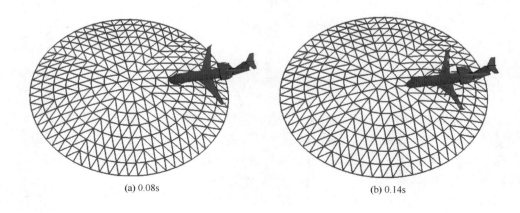

(a) 0.08s　　　　　　　　　　　　　　　　　(b) 0.14s

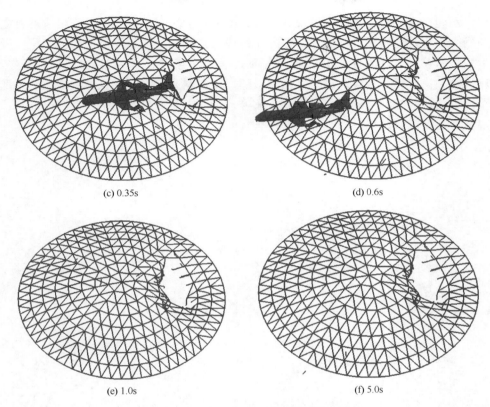

(c) 0.35s　　　　　　　　　　　　　(d) 0.6s

(e) 1.0s　　　　　　　　　　　　　(f) 5.0s

图 8-11　网壳在飞机撞击下的变形发展过程

8.3.3　飞机以撞击方式 3 撞击点 *A*

如图 8-12 所示，飞机以与水平方向成 30°的俯冲方式撞击点 *A*。

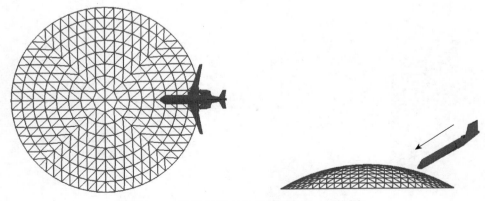

图 8-12　飞机以撞击方式 3 撞击点 *A* 示意图

　　网壳在飞机撞击下的变形发展过程如图 8-13 所示。此工况下，飞机头部首先与网壳作用，冲击区杆件破坏，但并未造成严重影响；随后飞机的机翼与网壳发生强烈碰撞，同时带动附近区域产生凹陷，变形继续发展；飞机继续下降过程中，尾翼的二次碰撞进一步加剧了结构的破坏，使得网壳最终发生整体倒塌。此工况下飞机沿网壳法线方向的作用更大。俯冲撞击网壳是一种较为不利的冲击方式，容易引起结构的倒塌。

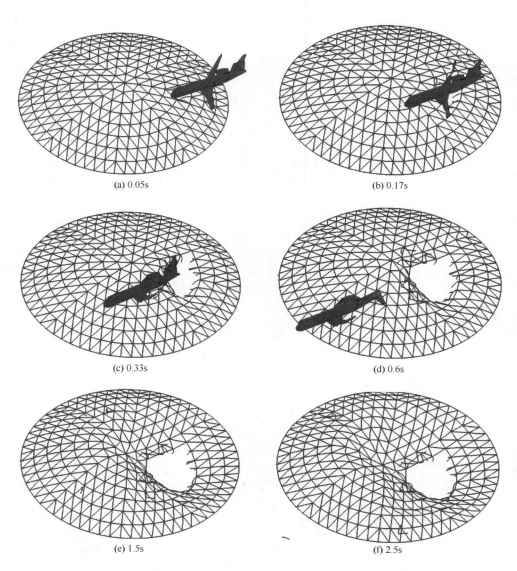

(a) 0.05s

(b) 0.17s

(c) 0.33s

(d) 0.6s

(e) 1.5s

(f) 2.5s

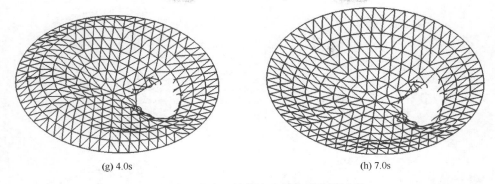

(g) 4.0s　　　　　　　　　　　　　　　　　(h) 7.0s

图 8-13　网壳在飞机撞击下的变形发展过程

8.3.4　飞机以撞击方式 2 撞击点 *B*

飞机撞击网壳的方式如图 8-14 所示，飞机以水平姿态、一定向下的速度撞击网壳顶点附近区域。

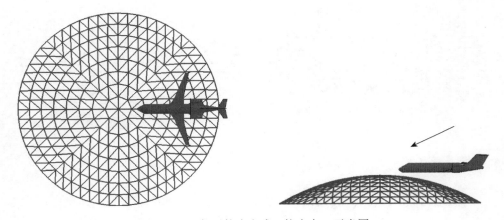

图 8-14　飞机以撞击方式 2 撞击点 *B* 示意图

网壳在飞机撞击下的变形发展过程如图 8-15 所示。此工况下飞机与网壳的作用与 8.3.1～8.3.3 节的三个算例有明显差异。由于飞机撞击位置较高，仅与网壳顶部发生作用，飞机并没有进入网壳内部。飞机的头部首先与网壳接触，而随着飞机的滑行，飞机机身的底部也对网壳有碰撞作用，网壳以顶点为中心的附近区域产生一定凹陷，与此同时，网壳产生凹陷后，飞机沿着凹陷的径向切线方向飞出网壳，网壳结构变形继续发展，最终发生整体倒塌。杆件破坏数量相对较少。

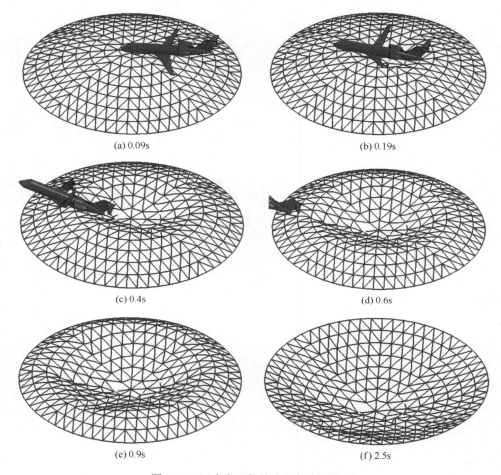

(a) 0.09s

(b) 0.19s

(c) 0.4s

(d) 0.6s

(e) 0.9s

(f) 2.5s

图 8-15　网壳在飞机撞击下的变形发展

　　尽管飞机没有进入网壳内部，但这种撞击方式对网壳非常不利，迅速产生整体倒塌。

8.3.5　飞机以撞击方式 2 撞击点 *C*

　　飞机撞击网壳的方式如图 8-16 所示。飞机以水平姿态、一定下降速度撞击在网壳侧面的主肋上。

　　网壳在飞机撞击下的变形发展过程如图 8-17 所示。此工况下飞机撞击网壳的特点与飞机以撞击方式 2 撞击点 *A* 很接近，结构产生凹陷，并没有发生倒塌。

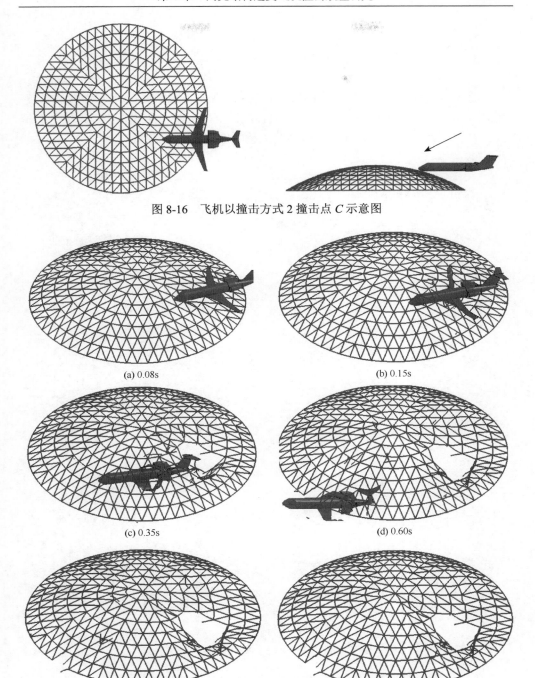

图 8-16　飞机以撞击方式 2 撞击点 C 示意图

(a) 0.08s　　　　　　　　　　　　(b) 0.15s

(c) 0.35s　　　　　　　　　　　　(d) 0.60s

(e) 1.0s　　　　　　　　　　　　(f) 5.0s

图 8-17　网壳在飞机撞击下的变形发展

8.4　考虑阻尼对网壳失效模式的影响

前述算例都是考虑结构阻尼的情况，也分析了不考虑阻尼的情况以进行对比，观察网壳在飞机撞击下的失效模式是否会发生改变。例如，将飞机以撞击方式 2 撞击点 C，不考虑网壳阻尼时，结构会发生整体倒塌（图 8-18）。

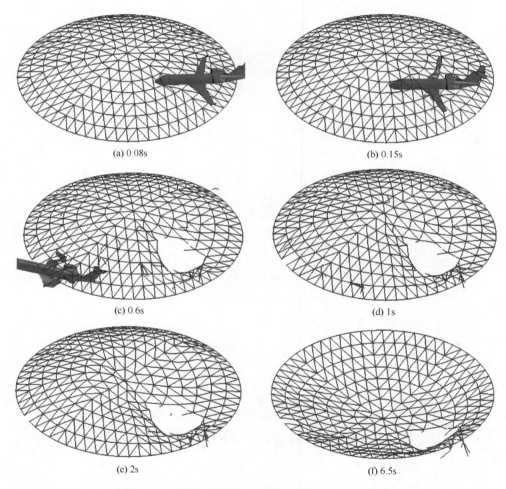

(a) 0.08s　　　　　　　　　　　　　　　　(b) 0.15s

(c) 0.6s　　　　　　　　　　　　　　　　(d) 1s

(e) 2s　　　　　　　　　　　　　　　　(f) 6.5s

图 8-18　网壳在飞机撞击下的变形发展（无阻尼）

因此可得出以下结论：网壳结构的阻尼不同是会改变破坏模式的，通过这一点我们可以考虑在网壳上安装阻尼装置来提升网壳结构的耗能能力，对网壳抗冲击性能的提高应该是有作用的，不失为提高网壳抗冲击性能的一种手段。

8.5　考虑屋面板对网壳失效模式的影响

选用两个主体结构相同的网壳结构进行对比研究，一个考虑屋面板建模，另一个不考虑屋面板的影响。两个网壳均为 60m 跨度 K8 单层球面网壳，为简化建模，屋面板假定为 2mm 厚的 Q235B 钢板。撞击方式见表 8-1，撞击位置如图 8-7 所示。表 8-2 对比列出了各工况下带屋面板与不带屋面板两个网壳结构的失效模式。

由表 8-2 各工况下带屋面板与不带屋面板两种网壳结构的失效模式可以得到，这 4 种工况下不带屋面板网壳 3 种工况失效模式为局部凹陷，仅 1 种工况（即飞机以水平姿态、一定向下的速度撞击网壳结构顶点附近的区域）失效模式为整体倒塌；4 种工况下带有屋面板的网壳中 3 种工况发生了整体倒塌，仅 1 种工况（即飞机以水平姿态、水平速度撞击网壳结构第 4 环主肋上的节点）发生了局部凹陷；4 种工况下，飞机冲击不带屋面板的网壳结构后均飞出了网壳，而冲击带屋面板的网壳结构后均滞留在网壳中；相同工况下，两个网壳有 2 种工况失效模式相同，但同一时刻网壳变形差异较大，在方式 1 撞点 A 工况，不带屋面板网壳变形后期凹陷范围比考虑屋面板影响的网壳小很多；在方式 2 撞点 B 工况下，不带屋面板网壳变形后期倒塌范围比考虑屋面板影响的网壳要大。

表 8-2　带屋面板和不带屋面板网壳结构在飞机撞击作用下的失效模式对比

作用方式	带屋面板网壳结构	不带屋面板网壳结构
方式 1 撞点 A	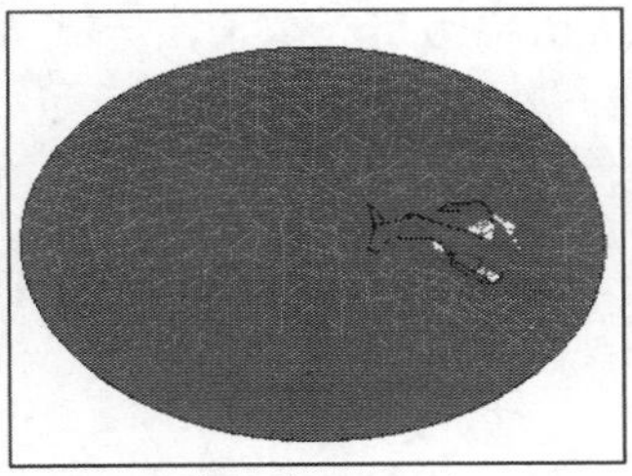 局部凹陷（t=2.2s）	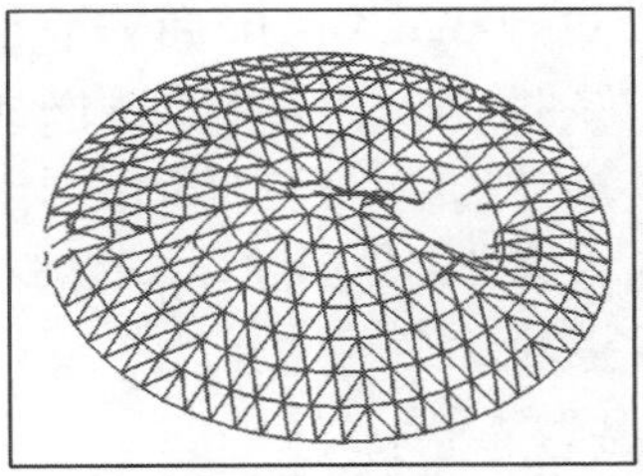 局部凹陷（t=2.2s）
方式 2 撞点 A	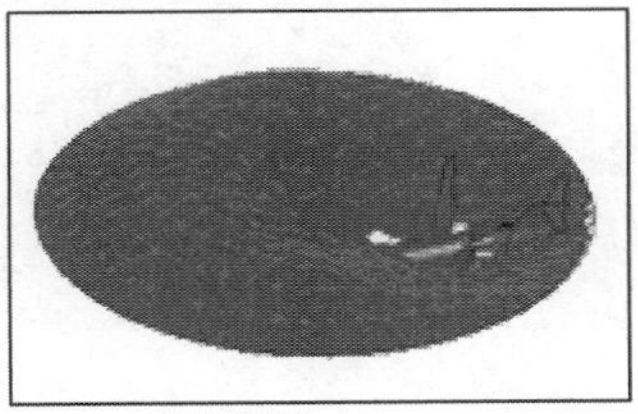 整体倒塌（t=1.5s）	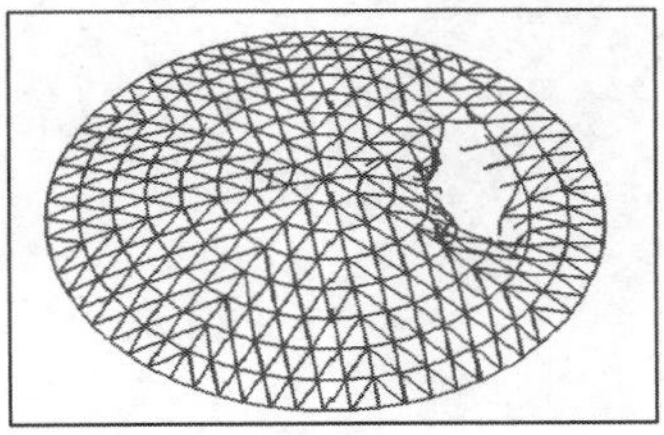 局部凹陷（t=1.5s）

续表

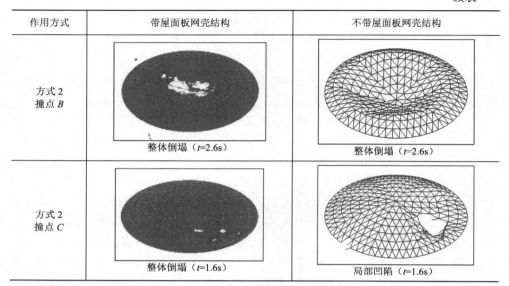

作用方式	带屋面板网壳结构	不带屋面板网壳结构
方式2 撞点 B	整体倒塌（t=2.6s）	整体倒塌（t=2.6s）
方式2 撞点 C	整体倒塌（t=1.6s）	局部凹陷（t=1.6s）

综上大致可以看出，飞机冲击作用下，考虑屋面板后网壳结构的失效模式与不考虑屋面板网壳相比，结构更偏于不安全，在数值建模中应考虑屋面板的影响。

下面通过一组轻屋面（屋面质量为 60kg/m²）网壳的典型算例，详细讨论所建立的飞机模型在撞击作用下屋面板给网壳动力响应带来的影响。两个算例网壳跨度均为 60m，矢跨比均为 1/7，分频数为 8。两个网壳杆件尺寸相同：径杆和环杆为 $\Phi180mm\times14.0mm$，斜杆为 $\Phi168mm\times10.0mm$；撞击方式为 2，撞击点为 A。

算例 8.1 不带屋面板网壳。

算例 8.2 带屋面板网壳，屋面板厚 2mm。

算例 8.2 变形过程如图 8-19 所示，可以看出，带屋面板网壳算例 8.2 发生了持续接触型整体倒塌。

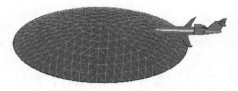

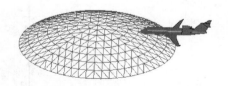

(a) 0.03s 整体结构　　　　　　(b) 0.03s 主杆部分

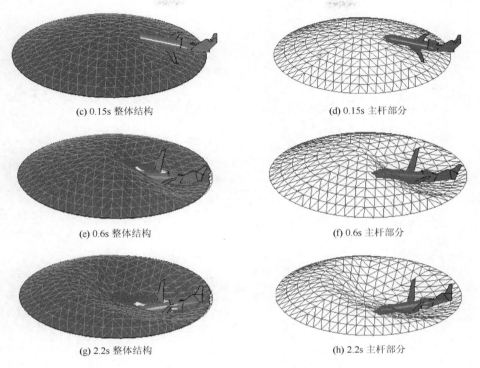

(c) 0.15s 整体结构　　　　　　　　　　　　(d) 0.15s 主杆部分

(e) 0.6s 整体结构　　　　　　　　　　　　(f) 0.6s 主杆部分

(g) 2.2s 整体结构　　　　　　　　　　　　(h) 2.2s 主杆部分

图 8-19　网壳结构（带屋面板）在飞机撞击下的变形发展

不带屋面板网壳结构变形情况如图 8-20 所示。

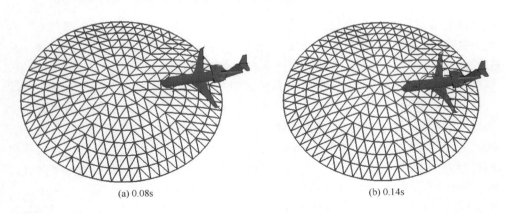

(a) 0.08s　　　　　　　　　　　　(b) 0.14s

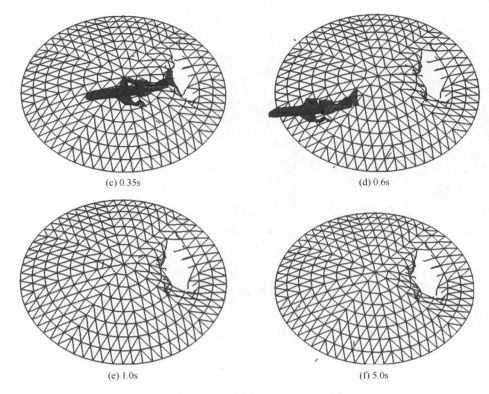

(c) 0.35s　　　　　　　　　　　　　　(d) 0.6s

(e) 1.0s　　　　　　　　　　　　　　(f) 5.0s

图 8-20　网壳结构（不带屋面板）在飞机撞击下的变形发展

对比算例 8.1、算例 8.2 中网壳结构在飞机撞击下主杆变形发展可以发现：在最初的碰撞瞬间，两个网壳结构的失效模式没有太大区别。飞机的头部首先与网壳结构接触，网壳上冲击区杆件发生断裂，飞机的头部随后进入网壳的内部；从 0.35s 开始算例 8.2 中屋面板的存在使飞机发生一些翻转,将飞机"卡"在网壳里，而算例 8.2 中网壳结构由于在这一工况下飞机有竖直向下方向的速度分量，因此飞机的尾翼并未与网壳发生明显作用就进入了网壳的内部，两者的失效模式发生了很大的差异；算例 8.1 中飞机继续前进，飞机的机翼又与网壳碰撞产生变形，网壳破坏面积显著增大，冲击作用效果十分明显；这之后，飞机机翼进入网壳内部对网壳产生了"切割"作用，网壳顶部产生了条状的开口；飞机飞出了网壳，网壳结构变形继续发展，最终网壳结构没有发生整体倒塌。整个撞击过程中，算例 8.1 中的网壳结构被撞击杆件以剪切破坏为主；算例 8.2 中飞机继续前进和翻转，由于翻转的作用飞机没能飞出网壳而是卡在网壳中，网壳结构的变形继续发展，直至网壳结构发生整体倒塌。

在算例 8.1 和算例 8.2 中均发现：飞机的机身在撞击网壳时不会轻易被压扁，会进入网壳内部。此工况下飞机机翼对不带屋面板网壳杆件的"切割"作用明显要大于带屋面板的网壳结构,因此飞机冲击不带屋面板的网壳结构后能脱离网壳,而冲击带屋面板的网壳结构却受到限制,被卡在网壳结构中并发生翻转,带动网壳结构整体变形加剧,最终使其发生了持续接触倒塌的失效模式。

8.6　本 章 小 结

本章首先讨论了飞机撞击网壳结构的分析方法,通过对比可知采用冲击力时程曲线直接加载的方式是不准确的。在此基础上提出了建立飞机冲击物数值模型的原则,以庞巴迪挑战者 850 小型客机为原型建立了冲击物模型,对 4 种工况的飞机撞击网壳结构进行了仿真,并与不考虑屋面板网壳结构的情况进行了对比。研究表明:①飞机的机翼部位在撞击过程中对结构失效模式有影响,在研究飞机撞击网壳时,这种影响是不能忽略的;②在飞机撞击下带屋面板网壳结构更容易发生倒塌,在仿真中应引起重视。

参 考 文 献

Huber M. 2016. Bombardier challenger 850. http://www.bjtonline.com/business-jet-news/bombardier-challenger-850?qt-most_popular=0 [2019-09-29].

Riera J D. 1980. A critical reappraisal of nuclear power plant safety against accidental aircraft impact. Nuclear Engineering and Design,57(1):193-206.